O futuro da geografia

Tim Marshall

O futuro da geografia

Como o poder e a política no espaço transformarão o mundo

Tradução:
José Roberto O'Shea

Grafia atualizada segundo o Acordo Ortográfico da Língua Portuguesa de 1990, que entrou em vigor no Brasil em 2009.

Título original
The Future of Geography: How Power And Politics in Space Will Change Our World

Capa
Celso Longo + Daniel Trench

Imagem de capa
Inspirada em fotos da Nasa e da USAF

Revisão da tradução
Diogo Sinésio

Preparação
Mauro Gaspar

Revisão técnica
Alexandre Cherman

Índice remissivo
Gabriella Russano

Revisão
Angela das Neves
Julian F. Guimarães

Dados Internacionais de Catalogação na Publicação (CIP)
(Câmara Brasileira do Livro, SP, Brasil)

Marshall, Tim, 1959-
O futuro da geografia : Como o poder e a política no espaço transformarão o mundo / Tim Marshall; tradução José Roberto O'Shea. — 1ª ed. — Rio de Janeiro : Zahar, 2025.

Título original : The Future of Geography : How Power and Politics in Space Will Change Our World.
Bibliografia.
ISBN 978-65-5979-207-8

1. Astronáutica e civilização 2. Astronáutica e civilização – Aspectos estratégicos 3. Geopolítica 4. Segurança espacial I. Título.

24-234275 CDD-320.12

Índice para catálogo sistemático:
1. Geopolítica 320.12

Cibele Maria Dias – Bibliotecária – CRB-8/9427

EDITORA SCHWARCZ S.A.
Praça Floriano, 19, sala 3001 — Cinelândia
20031-050 — Rio de Janeiro — RJ
Telefone: (21) 3993-7510
www.companhiadasletras.com.br
www.blogdacompanhia.com.br
facebook.com/editorazahar
instagram.com/editorazahar
x.com/editorazahar

Para minha família

Sumário

Introdução

> Não estive em todos os lugares, mas estão na minha lista.
>
> Susan Sontag

Exploramos o mundo e descobrimos que é finito. Agora que nosso território e nossos recursos começam a esgotar-se, descobrimos que aquela grande e linda bola no céu — a Lua — está repleta de minerais e elementos dos quais todos precisamos. É também uma plataforma de lançamento: assim como no passado os humanos seguiram de ilha em ilha cruzando os mares, a Lua nos facilitará alcançar todo o sistema solar e além.

Não será nenhuma surpresa, então, estarmos em uma nova corrida espacial. Ao vencedor, o butim. O desafio está em garantir que a humanidade seja a vencedora.

O espaço moldou a vida humana desde os seus primórdios. O céu ensejou nossas primeiras histórias de criação, influenciou nossas culturas e inspirou avanços científicos. Mas nossa visão do espaço está mudando. Mais do que nunca, o espaço está se tornando uma extensão da geografia da Terra: os humanos estão levando nossos Estados-nação, nossas empresas, nossa história, política e conflitos a um ponto muito acima de nós. E isso poderá revolucionar a vida aqui embaixo, na superfície da Terra.

O espaço já mudou muita coisa no nosso dia a dia. É algo central para a comunicação, a economia e a estratégia militar, e torna-se cada vez mais importante para as relações internacionais. Também está se tornando a mais recente arena para uma intensa competição humana.

Os sinais de que o espaço será uma extensa narrativa geopolítica no século XXI vêm se acumulando há algum tempo. Em anos recentes, metais de terras raras e água foram encontrados na Lua; empresas privadas, como a SpaceX, de Elon Musk, reduziram sensivelmente o custo de sair da atmosfera; e grandes potências têm disparado mísseis da Terra, explodindo seus próprios satélites, com o propósito de testar novas armas. Todos esses eventos fazem parte de uma história maior que está surgindo.

A fim de entender essa história, convém enxergar o espaço como um local dotado de geografia: há corredores adequados para se viajar, regiões que contam com recursos naturais importantes, áreas onde se pode construir e perigos a serem evitados. Nas últimas décadas, tudo isso foi considerado patrimônio comum da humanidade — nenhuma nação soberana pôde explorar ou reivindicar o espaço em seu próprio nome, exclusivamente. Mas tal ideia, consagrada em vários documentos louváveis, embora desatualizados e inexequíveis, vem se desgastando notadamente. As nações da Terra estão todas procurando levar alguma vantagem, onde quer que seja. Ao longo de toda a história registrada, civilizações que foram capazes de utilizar recursos naturais desenvolveram tecnologias para se fortalecer e, eventualmente, dominar outros povos.

Não precisa ser assim. Dispomos de muitos exemplos de cooperação espacial, e muitas das tecnologias ora desenvolvidas e relacionadas com o espaço, na medicina e nas energias limpas, por exemplo, vão ajudar a todos nós. Diversos países estão pesquisando maneiras de desviar de rotas de colisão asteroides imensos, capazes de destruir o mundo — e não há patrimônio comum maior que este. Conforme afirma o escritor de ficção científica Larry Niven: "Os dinossauros foram extintos porque não tinham um programa espacial". Não seria nada desejável sofrer outro golpe como aquele.

Demorou muito para chegarmos aonde estamos. A teoria do Big Bang sugere que há 13,7 bilhões de anos (mais ou menos algumas dezenas de milhares de anos) cada coisa que hoje existe no Universo jazia comprimida em uma partícula infinitamente pequena, em pleno nada. Alguns conceitos relacionados ao Universo podem ser difíceis de se entender, e o "nada" é algo que os cientistas debatem incessantemente. São abordadas noções como vácuos quânticos, nos quais ondulações no espaço podem fazer com que as coisas adquiram existência, mas mesmo depois de ler e reler tais teorias várias vezes jamais percebo qualquer avanço no meu entendimento. O Universo está se expandindo — mas em direção a quê? O que estará além de suas fronteiras atuais? Não consigo imaginar nada. Uma interminável muralha cinzenta (também se fala em bege) parece constituir a resposta, mas apenas por um segundo, porque, evidentemente, cinzento é *algo* — e não *nada*... e então eu desisto. Felizmente, físicos teóricos e cosmólogos têm mais estofo que eu.

Do "nada", a partícula explodiu — e foram necessários 380 mil anos para que as primeiras partículas de luz emergissem. Trata-se da radiação cósmica de fundo (na sigla em inglês, CMB), que os cientistas podem medir através de telescópios espaciais modernos — voltando quase até o início; também é possível constatar o fenômeno na estática que surge em um televisor analógico quando não conseguimos sintonizar um canal. O Universo expandiu-se e esfriou, e a gravidade fez com que nuvens de gás se reunissem e se condensassem em estrelas.

Sabemos agora que nosso Sol se formou há cerca de 4,6 bilhões de anos — um astro relativamente recém-chegado ao Universo. Um gigantesco disco de gás e detritos mais pesados, girando em torno do novo astro, criou os planetas e suas respectivas luas em nosso sistema solar.

O planeta Terra é a terceira massa a partir do Sol. É um bom lugar para se viver. Na verdade, por enquanto é o único lugar, porque se a Terra se situasse em qualquer outro local não poderíamos existir. Tudo o que aconteceu desde o Big Bang moldou a geografia daquilo que vemos atualmente e nos permitiu evoluir até onde estamos. A Terra é a zona habitável perfeita dos planetas: nem demasiado quente, nem demasiado fria — perfeita para a vida. Ou, pelo menos, para a vida como a conhecemos. A posição, a dimensão e a atmosfera da Terra contribuem para nos manter com os pés no chão. Literalmente. A dimensão do planeta permite que a gravidade tenha força suficiente para conter a atmosfera. Se nos mudássemos para qualquer outro local no infinito, haveríamos de fritar, congelar ou sufocar por falta de ar respirável.

Como disse o grande cosmólogo norte-americano Carl Sagan em seu livro *Bilhões e bilhões*,

> muitos astronautas têm relatado que, ao verem a aura fina, delicada e azul no horizonte do hemisfério iluminado pela luz do dia — que representa a espessura da atmosfera inteira —, logo pensam espontaneamente na sua fragilidade e vulnerabilidade. Eles se preocupam com a atmosfera. Têm razão em se preocupar.*

Seria de se esperar que todos cuidássemos melhor da atmosfera.

Mas os seres humanos sempre foram criaturas errantes e, no século passado, começaram a se afastar do nosso planeta. O espaço é uma tela tão vasta que esboçamos nossa presença só em um cantinho. O restante está disponível para traçarmos em detalhes — juntos. Se pretendemos trilhar nosso caminho em direção à próxima fase da era espacial de maneira pacífica e cooperativa, precisamos entender o espaço em seus contextos histórico, político e militar, e compreender o que ele significará para nosso futuro.

Nos capítulos que seguem, voltaremos no tempo para ver de que maneira o espaço influenciou nossas culturas e nossas ideias, desde sociedades organizadas principalmente em torno da religião até as revoluções científicas. A partir daí, foi a Guerra Fria que impulsionou a corrida espacial — provocando enormes avanços em termos de realizações e inovações por parte dos seres humanos, fatores que finalmente nos permitiram romper os laços com a Terra. Uma vez no espaço, começamos a enxergar oportunidades, recursos e pontos estratégicos pelos quais vale a pena competir. Estamos agora na era da astropolítica. Mas o que ainda não conseguimos estabelecer é um conjunto consensual de regras para normatizar tal competição; sem leis governando a atividade humana no espaço, o cenário está montado para divergências em níveis astronômicos.

---

* Citado em tradução de Rosaura Eichenberg para *Bilhões e bilhões* (São Paulo: Companhia das Letras, 2008). (N. T.)

Na era moderna, precisamos conhecer três protagonistas: China, Estados Unidos e Rússia. São essas as nações independentes que viajam pelo espaço, e o modo como escolhem proceder afeta a todos nós na Terra. Os militares de cada um desses protagonistas dispõem de sua própria versão de "Força Espacial" que provê capacidade de combate às forças na terra, no mar e no ar. Os três estão aperfeiçoando sua competência de atacar e defender os satélites que propiciam tal capacidade.

As demais nações sabem que não podem competir com as Três Grandes, mas querem ser ouvidas quanto ao que "está no ar"; estão avaliando suas opções e alinhando-se em "blocos espaciais". Se não conseguirmos encontrar um meio de avançarmos como um planeta unificado, um resultado será inevitável: competição e possivelmente conflito na nova arena espacial.

E, por fim, olharemos para o futuro distante para ver o que o espaço pode nos reservar — na Lua, em Marte e além.

A Lua impele o mar para a costa e os humanos para a superfície lunar. Os lobos erguem o focinho e uivam para o disco prateado que pende no céu noturno. Os humanos levantam os olhos e contemplam a distância, o infinito. Sempre fizemos isso, e agora estamos a caminho.

PARTE I

O CAMINHO PARA AS ESTRELAS

CAPÍTULO I

Olhando para cima

Limitar nossa atenção a assuntos terrestres
seria limitar o espírito humano.
Stephen Hawking

Nosso sistema solar.

As luzes cintilantes das estrelas contam muitas histórias. Bem antes de sonharmos em nos aventurar no espaço, antes de a luz artificial prejudicar nossa visão, olhávamos para cima e perguntávamos: Por que existe algo em vez de nada? O esforço humano foi, em grande parte, impulsionado pelo nosso desejo de alcançarmos as estrelas.

As primeiras crenças registradas sobre a criação, deuses e constelações devem ter vindo de uma tradição oral que remonta à pré-história. Todas as culturas antigas viam no céu uma ideia daquilo que poderia tê-las criado, de quem eram, de qual era seu papel e de como deveriam se comportar. Se existiam deuses — e o que mais pudesse explicar a existência do que era visto —, era lógico acreditar que alguns deles vivessem no firmamento.

Os humanos estão programados para contemplar e enxergar padrões. As pessoas ligavam os pontos no céu e faziam imagens correspondentes ao que viam na Terra e ao que sabiam por suas lendas. Quem vivia em climas quentes enxergava formas de escorpiões ou leões, enquanto quem habitava regiões mais frias identificava um alce. Na Finlândia, a Aurora Boreal é conhecida como "fogo da raposa", devido à velha lenda sobre uma raposa mágica cuja cauda varria a neve e a elevava ao céu, enquanto em partes da África existe uma lenda de que o Sol se posiciona atrás do céu noturno e as estrelas são orifícios que deixam vazar a luz. As estrelas sempre foram inseparáveis de nossas histórias, mitos e lendas.

A primeira suposta evidência de pessoas tentando analisar e entender o firmamento data de cerca de 30 mil anos atrás, um momento próximo ao final da última era glacial. No início da década de 1960, o arqueólogo Alexander Marshack interpretou marcas esculpidas em ossos de animais como sendo calendários lunares. Os ossos exibem sequências de 28 e 29 pontos. Os especialistas ainda discutem sobre o conhecimento de que as mulheres e os homens no período Paleolítico Superior dispunham, mas há um conjunto de evidências de que tais indivíduos estudavam os astros.

Os cientistas especulam que aqueles primeiros astrônomos utilizavam calendários portáteis em longas viagens de caça e em migrações, e possivelmente para rituais. Faz sentido que uma forma de marcar o tempo se desenvolvesse. Era necessário saber, por exemplo, quando a chegada de mosquitos estava prestes a ocorrer, ou quando convinha seguir em direção às árvores cujos frutos estariam maduros.

O lado mais prático da observação do céu também passou a ser crucial quando caçadores-coletores se tornaram mais sedentários, um processo que teve início há 12 mil anos. Os primeiros lavradores e pastores precisavam saber quando semear e quanto tempo faltava para a colheita. Acredita-se que algumas das pinturas rupestres do Paleolítico encontradas em cavernas na Europa, datando de mais de 10 mil anos, representem formações estelares. Como de hábito, as reivindicações são alvos de debates, mas padrões de constelações podem ser verificados em alguns desenhos que representam animais. É provável que as pessoas que contemplavam as estrelas todas as noites percebessem que as luzes estavam em posições diferentes, em momentos diferentes, mesmo que ainda não constatassem que 365 períodos de luz diurna e escuridão equivalessem a uma unidade de tempo. No verão de 2023, visitei a caverna de Lascaux na região da Dordonha, na França, e fui persuadido da forte possibilidade de que algumas das obras de arte do Paleolítico, pintadas pelos primeiros humanos modernos no Salão dos Touros, de fato seguissem o padrão de constelações como a de Touro.

Ainda estamos bem longe de obtermos provas de qualquer medição precisa realizada àquela época no que concerne ao movimento dos planetas e astros. Mesmo quando chegamos ao início da construção dos círculos de pedra, as evidências são vagas.

O mais antigo desses círculos é Nabta Plaia, situado onde hoje é o Egito. Às vezes, o círculo é chamado de Stonehenge do Saara, o que é um pouco injusto, pois foi construído há cerca de 7 mil anos, aproximadamente 2 mil anos antes de Stonehenge, o *henge* mais célebre do mundo. Isso ocorre porque o referido sítio só foi descoberto na década de 1970 e totalmente escavado somente na década de 1990. Acredita-se que foi construído por pastores seminômades, para ajudá-los a saber quando deveriam se deslocar. Evidências sugerem que as pedras estavam alinhadas com estrelas importantes, como Sirius, a mais brilhante no céu noturno. Evidências para a sugestão mais fantasiosa de que tais povos também eram capazes de medir a distância até as estrelas são mais difíceis de encontrar, sobretudo porque, segundo especialistas, tais provas inexistem.

O mesmo se aplica a Stonehenge e a tantos outros círculos de pedra localizados no noroeste da Europa. Stonehenge foi construído há cerca de 5 mil anos, quando a agricultura já predominava na região havia mil anos. Pode-se afirmar que Stonehenge se alinha com o Sol nos solstícios de inverno e verão, mas qualquer associação com astronomia para além disso é bem mais especulativa. É sabido que grandes festividades eram realizadas nas cercanias do monumento, a julgar pelos 38 mil ossos de animais encontrados em um local a três quilômetros de distância. Infelizmente, os druidas não tinham como estar presentes nesses eventos, já que só apareceriam na Britânia cerca de 2 mil anos mais tarde (o que deve ser bastante decepcionante para quem hoje visita o local trajando batas brancas e empunhando pedaços de pau).

É quando voltamos cerca de 4 mil anos que começamos a encontrar provas escritas de que as pessoas analisavam o firmamento com elevado nível de sofisticação e acurada capacidade de prever movimentos estelares. A escrita e a matemática foram as chaves que permitiram tal avanço.

Por volta de 1800 a.C. os babilônios, tomando empréstimos de seus antecessores, os sumérios, grafaram os signos do zodíaco baseados nas constelações conforme eles as viam. Era antiga a crença de que os deuses enviavam avisos do céu sobre eventos futuros, tais como a fome. Os sacerdotes desenvolveram a capacidade de registrar em tábuas de barro os movimentos celestes e projetaram um calendário composto de doze meses lunares. Essa foi a parte relativamente fácil. Valendo-se de dados armazenados ao longo de algumas gerações, e recorrendo a avanços na matemática, tais indivíduos notaram que os planetas não se deslocavam da mesma maneira em anos consecutivos, e que, em dados períodos de tempo, padrões de repetição podiam ser observados. Essa constatação permitiu-lhes descobrir onde, no céu, determinado planeta estaria em uma data específica no futuro.

É em grande parte graças aos babilônios que dividimos o tempo em semanas de sete dias. Eles enxergavam sete corpos celestes "diferentes", imaginavam que cada um "supervisionava" determinado dia, e assim dividiram o ciclo lunar de 28 dias em quatro partes. Na época, os egípcios adotavam como divisão um período de dez dias que, se houvesse resistido ao tempo, daria hoje uma longa semana de trabalho. E quanto ao fim de semana de dois dias? É certo que os babilônios designaram um dia de descanso, mas também podemos agradecer aos hebreus, que nos esclareceram que, se Deus quis descansar no sétimo dia, nós também deveríamos fazê-lo. Muito tempo depois, os sindicatos conquistaram para nós mais um dia de folga, quisesse Deus esse dia extra ou não.

Assírios, egípcios e outros povos fizeram avanços comparáveis em astronomia, mas a humanidade ainda acreditava que os eventos astronômicos fossem causados pelos deuses. Astronomia e astrologia eram inseparáveis. Os gregos antigos também pensavam assim quando pegaram o bastão passado por esses cientistas pioneiros; e deixaram sua marca na cosmologia como nenhuma outra civilização. Ao contemplarem as estrelas, eles também mudaram a forma como pensamos sobre o mundo.

Ao longo de séculos, os gregos aprenderam com os babilônios. Pitágoras foi apenas um dos que se beneficiaram de tal conhecimento quando, por volta de 550 a.C., descobriu que as então chamadas Estrela Matutina e Estrela Vespertina eram uma só — o planeta Vênus. Os avanços que ele e outros conseguiram alcançar surgiram quando passaram a aplicar a geometria e a trigonometria às questões cósmicas.

Um dos grandes foi Hiparco, que se acredita ter inventado o astrolábio — palavra de origem grega, que significa "captador de estrelas". O apetrecho era o smartphone dos antigos e, ao contrário de algumas das tecnologias de consumo de hoje, não vinha com data de validade. Os astrolábios foram utilizados durante quase 2 mil anos. Eram capazes de informar local, hora, horário do pôr-do-sol, e também o horóscopo. Funcionavam por meio de uma série de placas deslizantes, incluindo algumas que continham as linhas latitudinais da Terra e a localização de certos astros. Espalhavam-se desde as regiões helênicas até os países árabes, e mais tarde até a Europa ocidental. Os muçulmanos os empregavam para apontar a direção de Meca; Colombo utilizou um quando se dirigiu às Américas.

Os gregos já acreditavam que a Terra era redonda várias gerações antes de Aristóteles assim descrevê-la em seu livro *Sobre o céu*, escrito no ano 350 a.C. Aristóteles observou que a sombra da Terra na Lua durante um eclipse lunar é circular. Se a Terra fosse um disco plano, em dado momento, quando a luz solar incidisse sobre ela lateralmente, a sombra na Lua seria uma linha. Como isso não ocorria, a lógica propunha uma Terra redonda.

Aristóteles escreve sobre matemáticos que mediam distâncias em *stades* (de onde vem a palavra "estádio") e descobriram que a circunferência da Terra era de 400 mil *stadia*, cerca de 72 mil quilômetros. O cálculo erra em 32 mil quilômetros, mas ainda assim foi um salto enorme em nosso pensamento.

Cerca de cem anos depois, Eratóstenes de Cirene elaborou um meio de medir a circunferência da Terra com precisão. Na cidade de Siena (atualmente Assuã), no Egito, havia um poço cujo fundo, todos os anos no solstício de verão, o Sol iluminava sem projetar qualquer sombra. Isso significava que o Sol estava diretamente acima. Então, Eratóstenes mediu o comprimento da sombra projetada por uma vareta ao meio-dia, no solstício de verão, em Alexandria. A partir disso, calculou que a diferença na elevação do Sol entre as duas cidades igualava-se a um ângulo de 7,2 graus ao longo da curvatura da Terra — aproximadamente 1/50 de um círculo. Bastava, então, fazer uma medição precisa da distância de Alexandria a Siena. Ele contratou topógrafos profissionais, treinados para caminhar com passadas regulares, e foi informado que a distância era de 5 mil *stadia*. A conclusão foi que a circunferência da Terra estava entre

40 250 e 45 900 quilômetros. A circunferência real agora é geralmente aceita como 40 096 quilômetros.

Em sua essência, o conhecimento grego defendia a existência de uma ordem subjacente ao Universo e que tal ordem poderia ser descoberta e expressa por observação e matemática. Foi o início da ideia de que o mundo podia ser compreendido por meio de processos naturais, em vez da atuação de deuses. Os gregos empenharam-se em calcular a circunferência da Lua e a distância entre a Terra e a Lua, bem como entre a Lua e o Sol. No entanto, subestimaram enormemente questões de distância e, embora tenham desenvolvido modelos teóricos de movimento, na maioria deles os planetas giravam em torno da Terra, crença que sobreviveu até o Renascimento.

Houve muitos grandes cientistas, culminando com Cláudio Ptolomeu (*c*. 100-*c*. 170), que resumiu a astronomia clássica e organizou os desenhos no céu em 48 constelações (hoje são 88) as imagens estelares criadas pelos antigos, atribuindo-lhes nomes que ainda aparecem em diversos idiomas. Aquário, Pégaso, Touro, Hércules, Capricórnio etc. Tudo isso está registrado no livro de Ptolomeu, por ele intitulado *A coleção matemática*, mas conhecido no mundo pelo título em árabe — *Almagesto*. No entanto, Ptolomeu foi limitado pelo mesmo processo de pensamento de seus antecessores: o de que a Terra era o centro do Universo e os planetas giravam em torno dela.

A noção baseava-se no conhecimento disponível à época e no que a lógica contemporânea dizia, e tal modelo foi mantido por mais de 1500 anos. Sabemos de uma exceção precoce a essa visão ortodoxa. Aristarco de Samos (310-230 a.C.) defendia que a Terra girava em torno do Sol — o modelo de Universo heliocêntrico. Mas os estudiosos discordavam dele.

Aristarco e outros calcularam corretamente a distância até a Lua. No entanto, posicionaram o Sol a apenas cerca de vinte vezes tal distância — uma enorme subestimação, mas ainda assim uma distância considerável. Os gregos erravam por excesso de cautela. Aceitar algumas equações seria aceitar um cosmos de tal magnitude a ponto de exigir um salto de imaginação que eles eram incapazes de realizar. Proxima Centauri, nossa estrela mais próxima, sem contar o Sol, fica a quase 40 trilhões de quilômetros de distância. A nave espacial mais rápida construída até hoje levaria 18 mil anos para chegar lá. Mesmo no século XXI temos dificuldade para entender tais distâncias. Os achados dos gregos, utilizando os meios de que dispunham, estão entre as maiores façanhas intelectuais e científicas da longa história da humanidade.

À medida que o poderio grego diminuía, os romanos tiveram o ensejo de avançar na ciência da astronomia. No entanto, jamais abraçaram a matemática com a mesma paixão. Os gregos tinham interesse em astrologia, mas os romanos eram obcecados por ela, principalmente após a fundação do Império Romano, em 27 a.C. Pouco importava a distância da Terra ao Sol, mas qual era a posição de Marte em relação a Vênus? A vida do imperador poderia depender de tal posicionamento! Os romanos continuaram a valer-se da astrologia para fazer previsões políticas, até a queda do Império Romano do Ocidente no século V, evento que talvez não tenham previsto.

Durante esse período, os chineses vinham desenvolvendo suas pesquisas astronômicas e descobrindo meios de dividir o tempo para usos práticos. O matemático Zu Chongzhi (429-500) criou o Calendário de Grande Brilho, baseado em 365 dias por ano, ao longo de um ciclo de 391 anos, com um mês extra inserido em 144 desses anos. Zu escreveu que suas descobertas não derivaram "de espíritos, nem de fantasmas, mas de observações atentas e cálculos matemáticos precisos".

Por trás dos métodos de Zu estava o mesmo éthos que impelia os gregos — o estudo de fatos empíricos para explicar o mundo. Mas deuses e fantasmas ainda dominavam o pensamento na maior parte do nosso planeta. Seria necessária uma explosão de saberes no território islâmico para possibilitar grandes saltos em nosso entendimento.

Do século VIII ao XV, em uma vasta região que se estendia desde a área onde hoje existem as repúblicas da Ásia central até Portugal e Espanha, a cultura islâmica primeiro dominou a astronomia grega e depois a fez avançar no período conhecido como a idade de ouro do conhecimento proveniente do Islã. Em 900, Al-Battani calculou a duração de um ano em apenas alguns minutos, e ao fazê-lo propôs que a distância da Terra ao Sol variava. Isso, por seu turno, sugeria que talvez os planetas não se movessem em órbitas perfeitamente circulares. Alguns estudiosos começaram a questionar a ideia de que a Terra não se movia, e passou a ser aceito que ela girava. Um brilhante polímata chamado Nasir al-Din al-Tusi desafiou partes do sistema ptolomaico que não se baseavam no princípio do movimento circular uniforme. No entanto, ainda não foi dessa vez que se deu o salto para o modelo que afirmava o movimento da Terra ao redor do Sol.

Enquanto a Idade de Ouro do Islã resplandecia, a Europa vivia o que costumava ser chamado de Idade das Trevas. Historiadores hoje preferem a expressão menos pejorativa Baixa Idade Média, abrangendo aproximadamente o período entre o quinto e o décimo séculos, desde a queda do Império Romano até o início de um regresso à vida urbana na Europa. Foi uma época em que havia lugar para tudo, e tudo tinha o seu devido lugar. Todos os corpos celestes circulavam a Terra, que era o centro do Universo. Acima disso estava Deus; na Terra existiam reis, bispos, senhores e servos; e todos deveriam se contentar com seu quinhão. Como os servos, invariavelmente, eram incapazes de escrever, não é fácil saber se eles concordavam. A expressão "Idade das Trevas" foi cunhada pelo estudioso italiano Francesco Petrarca (1304-74), que achava que os europeus viviam na escuridão, se comparados ao brilho dos gregos e romanos. Em seu épico *África*, ele escreveu: "Esse sono letárgico não há de durar para sempre. Quando a escuridão for dispersada, nossos descendentes poderão voltar ao antigo esplendor". Petrarca viveu à véspera da Renascença — uma época que ele decerto teria considerado esplendorosa. E de fato o foi para a astronomia, em seu papel no avanço do entendimento da humanidade quanto à sua própria posição no Universo.

Nenhum dos grandes textos científicos sobre astronomia estava disponível para os europeus durante a Baixa Idade Média. A situação começou a mudar por conta do trabalho de Gerardo de Cremona (1114-87) e de outros que traduziram do árabe os referidos textos. Gerardo dirigiu-se a Toledo, onde aprendeu árabe o suficiente para traduzir o *Almagesto* de Ptolomeu para o latim (a edição original grega perdera-se havia anos). Foi a primeira de oitenta obras transcritas pela Escola de Tradutores de Toledo. O renascimento do aprendizado constituiu um dos alicerces da Renascença, abrindo as portas para o saber, e os fatos passaram a fluir, à medida que geração após geração construía sobre o que viera antes e contribuía para o que a partir do século XVI ficou conhecido como Revolução Científica. Foi uma trajetória árdua. As visões de cosmologia centradas na Terra tinham sido adotadas pela Igreja católica, e pobre do herege que tentasse refutá-las.

A astronomia europeia levou séculos para se igualar à expertise dos antigos gregos e à Idade de Ouro islâmica. Somente em 1543 tal campo do conhecimento abriu novos caminhos. Naquele ano, o astrônomo polonês Nicolau Copérnico (1473-1543) publicou *Das revoluções das esferas celestes*, que propunha que um Universo centrado na Terra era um equívoco.

Copérnico foi cuidadoso com sua formulação, escrevendo "se a Terra estiver em movimento". No início, as críticas foram em grande parte discretas. Ele era um devoto da Igreja e tinha escrito "se". Além disso, morreu em momento propício, passados apenas dois meses do lançamento dos livros. Contudo, os cleros católico e protestante apressaram-se em solapar as reivindicações de Copérnico, e a ciência foi alertada de que os ensinamentos da Igreja não poderiam ser desafiados.

Em 1584, o astrônomo italiano Giordano Bruno (1548-1600) publicou *Acerca do infinito, do Universo e dos mundos*, obra na qual defendeu Copérnico e argumentou que o Universo é infinito, com mundos infinitos, habitados por seres inteligentes. Foi levado a julgamento e, depois de quase oito anos atrás das grades, recusou-se a renunciar às suas ideias; então, foi declarado herege e queimado vivo — embora seja provável que o questionamento de doutrinas fundamentais católicas, como a transubstanciação, tenha pesado mais para a execução do que suas opiniões acerca de cosmologia.

Veio então Galileu Galilei (1564-1642), um dos primeiros indivíduos a utilizar o recém-inventado telescópio para registrar sistematicamente observações do céu noturno. Em 1610 ele publicou *O mensageiro das estrelas*, que fez sua fama e, por desafiar a ideia de um Universo centrado na Terra, quase lhe custou a vida.

Os estudos de Galileu sobre os movimentos dos outros planetas do sistema solar pareciam alinhar-se com a teoria de Copérnico de que a Terra se movia ao redor do Sol. Não demorou muito para que a Igreja condenasse tal visão como heresia, alegando que as crenças de Galileu contradiziam a Bíblia — especificamente Josué 10:13, onde consta um chamado para que o Sol pare de se mover: "E o Sol parou, e a Lua se deteve, até que o povo se vingasse de seus inimigos". Se as Escrituras afirmavam que o Sol se movia, quem diria o contrário?

O papa ordenou que a teoria fosse proscrita. A Igreja sabia que essas ideias novas e perigosas eram capazes de causar uma espécie de terremoto que minaria o modelo hierárquico da sociedade, sua legitimidade e, em última análise, seu poderio. Se a Terra não era o centro do Universo — na verdade, se não existisse um centro conhecido —, seriam os humanos tão importantes? O teólogo e filósofo francês Blaise Pascal (1623-62) percebeu as implicações: "Engolido pela imensidão infinita de espaços sobre os quais nada sei e que nada sabem sobre mim, fico apavorado".

Galileu afastou-se da controvérsia por algum tempo, mas em 1623 um novo papa foi eleito, Urbano VIII, que o incentivou a escrever sobre o tema, essencialmente pedindo-lhe que demonstrasse apoio à visão geocêntrica, que considerava a Terra o centro do Universo. Galileu publicou o *Diálogo sobre os dois máximos sistemas do mundo ptolomaico e copernicano*, em 1632. O livro era sutil, mas saía em defesa da probabilidade de a Terra mover-se. O papa não achou a menor graça, e teve início um julgamento que durou dois meses.

A defesa de Galileu foi que seu intento não tinha sido apoiar a visão copernicana, e que seu trabalho era apenas um meio de debatê-la. De nada adiantou: ele foi considerado culpado de "acreditar e defender a doutrina (falsa e contrária às Santas e Divinas Escrituras) [...] de que a Terra se move e não é o centro do Universo". Foi condenado à prisão domiciliar, sob a qual permaneceu até sua morte, e foi informado: "Recitarás uma vez por semana os Sete Salmos Penitenciais".

Podia ter sido pior. Se Galileu não fosse o cientista mais famoso do mundo, poderia muito bem ter padecido da morte dolorosa imposta a Giordano Bruno. Em 1992, 350 anos após a morte de Galileu, o Vaticano finalmente admitiu que estava errado.

Apesar da ira do papa (mas provavelmente não a de Deus), para os sacerdotes, a maré do conhecimento fluía na direção contrária. Nossos estudos celestes derrubaram séculos de sabedoria previamente aceita e levaram a uma visão completamente nova do mundo. Os antigos deuses estavam sendo desafiados — fosse essa a intenção ou não.

Um ano após a morte de Galileu, nasceu Isaac Newton, inventor de um novo telescópio, que permitia uma visão mais profunda do espaço do que anteriormente fora possível. *Principia* (1687) e outras obras de Newton anunciaram ao mundo as leis do movimento e da gravidade, e inauguraram uma nova era na física e na astronomia.

Newton não veio para enterrar Deus, mas para louvá-lo. Quanto mais ele descobria sobre o Universo, mais se convencia de que o magnífico esquema tinha um criador: "Esse belíssimo sistema do Sol, dos planetas e dos cometas só poderia proceder do saber e da maestria de um Ser inteligente e poderoso".

Ele concordou que a Terra orbitava em torno do Sol. Galileu havia conduzido experimentos sobre o que hoje chamamos de gravidade (supostamente soltando objetos do topo da Torre de Pisa), mas o grande avanço propiciado por Newton foi sua teoria de que as leis da gravidade se aplicavam a todos os objetos, e que isso era tão verdadeiro no espaço quanto na Terra. Tal como ocorreu com os gigantes antes dele, Newton chegou a um momento revolucionário na história por meio de uma combinação de trabalho empírico e reflexão.

Por que a maçã caía em linha reta até o solo? Por que a bala de canhão caía em linha curva ao perder velocidade? Que força estranha as puxava para baixo? A lei da gravitação universal de Newton determinava que todos os objetos se atraem, com a força exercida dependendo da massa dos objetos e da distância entre eles. Portanto, mesmo que fosse lançada para a frente, da montanha mais alta, a uma velocidade tal que a propulsionasse continuamente, a maçã não seguiria para o espaço em linha reta, mas "cairia" no mundo, em uma curva sem fim, sendo mantida próxima à Terra por uma força estranha chamada gravidade, do latim *gravitas*, que significa peso. E a gravidade, dizia Newton, explicava por que os planetas giravam constantemente em torno do Sol, em vez de vagarem espaço afora. Quanto mais próximo um objeto maior estiver de um menor, mais forte será a atração gravitacional exercida.

Houve certa resistência a essas ideias, por parte de alguns cientistas que alegavam que a noção de gravidade de Newton se assemelhava às superstições primitivas que falavam de um poder sobrenatural. Ele se contentou em provar suas ideias racionalmente e em crer em seu Deus.

Houve mais, muito mais. O trabalho de Newton é considerado por alguns como o que promoveu as maiores contribuições para a história da ciência. Quando ele morreu, em 1727, seu corpo ficou exposto na Abadia de Westminster durante uma semana. O grande poeta inglês Alexander Pope escreveu: "Deus disse: *Faça-se Newton!* E fez-se a luz".

Foi um momento empolgante para a ciência, comparável ao dos antigos gregos e à Idade de Ouro islâmica, mas diferente, porque o conhecimento passou a avançar mais depressa do que nunca. Cada descoberta produzia uma nova fissura na armadura da religião formal e em suas reivindicações de poder. Na Era da Razão, tornou-se irracional ordenar a um cientista que recitasse os Salmos Penitenciais por haver contrariado as Escrituras.

Contemplar o céu levou a uma revolução total na maneira como pensamos e como vivemos nossas vidas, desbravando o caminho para novos feitos científicos. Aos poucos (embora nem sempre), a religião formal nos países tecnologicamente avançados recuou para os templos e a ciência passou a ocupar a esfera temporal.

FOI UMA ÉPOCA DE MILAGRES e maravilhas. De lá para cá aprendemos muitíssimo, e hoje nossa ciência adquiriu uma grandeza que nos permite enxergar bastante quando fitamos as estrelas. Um telescópio espacial moderno é capaz de olhar para trás no tempo e detectar luz que está viajando há mais de 13 bilhões de anos.

Em 1931, Georges Lemaître propôs que o Universo começou com a explosão de uma única partícula minúscula, que ele chamou de "átomo primitivo". Tal ideia foi corroborada por observações que Edwin Hubble fizera na década de 1920 por meio do enorme telescópio *Hooker*, no monte Wilson, na Califórnia, as quais pareciam demonstrar que todas as galáxias observáveis estavam se afastando da Terra, em várias direções e rápida velocidade. Por conseguinte, foi lógico concluir que teriam se originado em um único local, em um momento específico. Essa teoria ficaria conhecida como o Big Bang. Na época, a sabedoria convencional apoiava sobretudo a teoria do estado estacionário — segundo a qual o Universo sempre existira e sempre existiria. Mas na década de 1950 novas medições da velocidade do movimento das galáxias sugeriram que seu nascimento ocorreu 13,7 bilhões de anos atrás. Foi uma revolução extraordinária em nosso entendimento do Universo.

Em 1990, o telescópio espacial *Hubble*, pesando doze toneladas, foi colocado em órbita. Imune aos efeitos limitantes e distorcidos causados pela atmosfera terrestre, o telescópio passou a atribuir ao cosmos um foco mais nítido e a contemplar um passado cada vez mais longínquo. Atualmente, telescópios infravermelhos podem detectar luz proveniente de radiação capaz de atravessar a poeira cósmica, mas impossível de ser percebida pelo olho humano ou por telescópios de luz visível, como o *Hubble*. A medição de comprimentos e composição de ondas fornece os dados para revelar a história do Universo.

Todas essas descobertas foram motivadas pela necessidade de se responder às perguntas "Como?" e "Por quê?". A ciência é brilhante em responder à primeira pergunta. No entanto, mesmo quando encontra a resposta, muitas vezes lança mais um "Por quê?". Apesar do nosso conhecimento avançado, ainda não superamos o espanto que nos causa o Universo. Em vários sentidos, as teorias e descobertas do século XX tão somente levantaram mais questões, e algumas delas só poderão ser respondidas à medida que começarmos a explorar as realidades físicas do espaço.

Durante as duas primeiras décadas do século passado, o mundo foi apresentado à estranheza da mecânica quântica e das teorias de Albert Einstein sobre a relatividade e o espaço-tempo. A teoria quântica professa que o misterioso mundo subatômico de partículas diminutas não é governado por leis deterministas, ideia que entra em conflito com a noção de Einstein (e de Newton) de que existem leis universais. Vale a pena abordar brevemente o debate. Brevemente porque a maioria de nós está na mesma situação que os melhores cérebros que já existiram, pois nós, tanto quanto eles, não compreendemos a mecânica quântica. No entanto, a mecânica quântica somada à resposta e às descobertas de Einstein nos revelam algo sobre a razão pela qual nosso destino está no espaço.

A teoria do emaranhamento quântico propõe que partículas podem ser conectadas e influenciar instantaneamente umas às outras, mesmo que estejam a centenas de milhões de quilômetros de distância. A palavra-chave aqui é "instantaneamente". A dificuldade é que isso não se ajusta à ideia aceita de que existem leis universais na ciência. Por exemplo, conforme demonstrou Einstein, nada pode viajar mais rápido que a velocidade da luz.

É por isso que ele rejeitou o emaranhamento quântico como "ação assustadora à distância", e os cientistas continuam a debater a validade da teoria. No entanto, fica aberta a possibilidade de que leis não sejam universais. Se assim for, talvez algo possa viajar mais rápido que a velocidade da luz, por mais implausível que isso pareça.

Einstein concordou com Newton que o espaço possui três dimensões — altura, largura e comprimento. Mas Newton achava que os objetos no espaço não afetavam tais dimensões. Einstein disse que sim. A teoria da relatividade geral por ele elaborada acrescentou uma quarta dimensão — tempo — e ele chamou de espaço-tempo essa combinação de quatro dimensões. Essa quarta dimensão pode ser distorcida por grandes massas, ao ponto de acelerá-la ou desacelerá-la. Pensemos no espaço como um colchão de espuma. Pisemos no colchão. Nosso peso (ou massa) causa uma depressão no espaço. Segundo Einstein, a gravidade é uma distorção na forma do espaço-tempo.

Nossos antepassados olhavam para cima e viam um universo que não conseguiam entender, mas se valeram daquela ordem aparente para darem sentido ao seu mundo. Agora dispomos de muito mais conhecimento, e ainda assim confrontamos um universo infinito e repleto de mistério, contendo matéria escura, buracos negros, deformações na estrutura de espaço-

-tempo e desafios ao próprio conceito de ordem e lei. Isso é o que Newton queria dizer quando afirmou: "O que sabemos é uma gota, o que não sabemos é um oceano".

As implicações da mecânica quântica e do espaço-tempo sobre o que será, ou não, viável nas viagens espaciais são desconhecidas, mas, potencialmente, abrirão novos caminhos no futuro distante. Isso porque mesmo depois de todos esses milênios de descobertas ainda há mais perguntas que respostas, bem como perguntas a serem formuladas das quais sequer temos conhecimento. Algumas dessas perguntas e respostas só serão encontradas à medida que nos afastarmos da Terra. E a vontade de descobrir, de saber mais — e até mesmo de irmos até lá — tem se revelado irresistível.

CAPÍTULO 2

O caminho para o céu

Estou vendo a Terra! É linda!

Yuri Gagarin

O astronauta Buzz Aldrin, na Lua, ao lado da bandeira
norte-americana, em 21 de julho de 1969.

Cruzamos pela primeira vez a fronteira com o espaço menos de um século atrás. Foram necessários milhares de anos de avanço lento, seguidos por uma desenfreada correria durante as décadas de milagres e maravilhas do século XX. Mas foi o conflito na Terra que finalmente nos fez chegar até lá. A tecnologia que nos levou ao céu resultou da corrida armamentista ocorrida durante a Guerra Fria.

Por quase toda a história humana, o espaço esteve tão perto e, ao mesmo tempo, tão longe. Conforme o astrônomo britânico Fred Hoyle declarou em 1979: "O espaço não é nada remoto. Fica a apenas uma hora de distância, se um carro pudesse subir direto". Os engenheiros da Fórmula 1 podem turbinar os motores dos carros tanto quanto quiserem, mas não atingirão os 7,9 quilômetros por segundo necessários para partir da superfície da Terra e entrar em órbita. Um motor de foguete, por outro lado...

Algo tão simples, um foguete. Tão simples que podemos comprá-lo no comércio e lançá-lo do nosso quintal, para comemorar aniversários ou a véspera do Ano-Novo. No entanto, levar um foguete ao espaço com um ser humano a bordo é tão complicado que apenas três países conseguiram realizar o feito.

Uma das dificuldades das viagens espaciais com transporte de seres humanos é que a tecnologia de ponta necessária depende, em última análise, de colocar gente no topo de gigantescos tanques de combustível. Depois atear fogo ao combustível. O astronauta Mike Massimino foi quem melhor captou o espírito da situação, em seu livro de memórias, *Spaceman*. Ele relata ter olhado para os sorridentes companheiros, enquanto juntos se aproximavam da plataforma de lançamento, e pensado: "Será que eles ficaram malucos? Será que não percebem que estamos prestes a nos amarrarmos a uma bomba que vai nos mandar centenas de quilômetros pelo céu?".

De fato. O tanque de combustível externo do ônibus espacial continha 650 mil litros de oxigênio líquido e 1,7 milhão de litros de hidrogênio líquido. Os motores, por sua vez, queimavam o combustível a uma velocidade equivalente a esvaziar uma piscina residencial a cada dez segundos.

Essa tecnologia básica não é muito diferente daquela descoberta por monges, na China do século IX, empregando pólvora: uma mistura de enxofre, nitrato de potássio e carvão. A mescla foi inicialmente usada para fabricar fogos de artifício, mas os chineses passaram a criar "lanças de fogo voadoras". No século XVI, um sujeito supostamente tentou se valer da invenção para alcançar as estrelas. Segundo a lenda chinesa, Wan Hu prendeu 47 rojões cheios de pólvora a uma cadeira de bambu, amarrou-se a ela e ordenou aos servos que acendessem o pavio. Na sequência, ele foi erguido no ar a uma curta distância, antes de desaparecer em meio a uma enorme explosão e uma nuvem de fumaça. Nunca mais foi visto, tampouco a cadeira. Não há nenhum registro escrito de que o evento tenha acontecido. No entanto, existe hoje uma cratera na Lua chamada Wan Hu.

Ao longo dos séculos, houve outras tentativas de criar foguetes, com graus variados de sucesso; mas, quando se trata da linhagem dos foguetes modernos, os historiadores dos voos espaciais geralmente fazem referência a três nomes: Konstantin Tsiolkovsky (1857-1935), Robert Goddard (1882-1945) e Hermann Oberth (1894-1989). Todos foram grandes pioneiros em suas respectivas áreas de estudo. Goddard, norte-americano, foi a primeira pessoa a lançar um foguete do solo utilizando combustível líquido, em vez do pó comprimido de combustível sólido que vinha sendo usado desde as descobertas chinesas ocorridas no século IX. Oberth foi um cientista alemão cuja reputação está manchada por ele ter trabalhado para os nazistas, que recorreram aos seus estudos sobre foguetes para desenvolver o *Vergeltungswaffe 2* (Arma de Vingança 2), ou foguete *V-2*, que produziu efeitos devastadores ao ser voltado contra alvos civis durante a Segunda Guerra Mundial. Oberth também conduziu experimentos médicos consigo mesmo, no intuito de apoiar sua teoria de que seres humanos poderiam sobreviver ao estresse físico decorrente das viagens espaciais, tais como a força-g e a ausência de peso. Mas, em termos de puro brilho da imaginação, talvez o mais impressionante dos três seja Tsiolkovsky.

Em 1903, sete meses antes da primeira aeronave motorizada voar, um cientista russo desconhecido e autodidata publicou a primeira prova teórica da possibilidade de voo espacial. Mais tarde naquele ano, os irmãos Wright entraram nos livros de história, e Tsiolkovsky permanece praticamente desconhecido, apesar de ter sido um dos cientistas mais arrojados de todos os tempos.

O quinto de dezoito filhos de pais dotados de parcos recursos, ele ficou surdo aos dez anos, após uma doença infantil, e teve que abandonar a escola. Passou a estudar ciências, lendo livros em uma biblioteca pública, incluindo diversos volumes sobre física, astronomia e mecânica analítica, bem como romances de ficção científica de autoria de Jules Verne. "Além de livros, não tive outros professores", escreveu ele.

Seus primeiros escritos incluíam ideias visionárias: estações espaciais alimentadas por energia solar, esboços de giroscópios para controlar o direcionamento de uma nave espacial, eclusas de ar para permitir que naves espaciais se acoplassem umas às outras, bem como trajes espaciais pressurizados que permitiriam aos cosmonautas aventurar-se fora da nave. Já em 1895 ele teorizava o conceito de elevador espacial. Tsiolkovsky produziu uma obra impressionante, incluindo o artigo de 1903 que mais tarde o levou à fama na Rússia. "Exploração do espaço cósmico por dispositivos de reação" contém a primeira prova teórica científica de que um foguete pode atravessar a atmosfera e orbitar a Terra. Tsiolkovsky calculou a velocidade horizontal necessária para entrar em órbita e determinou que o feito poderia ser alcançado por meio de foguetes alimentados com uma mistura de hidrogênio líquido e oxigênio líquido. A fórmula por ele criada, conhecida como equação do foguete de Tsiolkovsky, estabeleceu a relação entre a velocidade do foguete, a mudança de massa do foguete e seu combustível, e a velocidade do gás à medida que é expelido. Trata-se da base das viagens espaciais.

Depois que os bolcheviques assumiram o poder em 1917, suspeitaram das reflexões quase teológicas de Tsiolkovsky acerca de viagens espaciais, reflexões que iam de encontro à filosofia comunista. No trabalho *Existe Deus?*, Tsiolkovsky argumentava: "Estamos à mercê e sob o controle do cosmos [...]. Somos marionetes, fantoches mecânicos". Ele era controlado pelo Partido Comunista. Em dado momento, chegou a ser detido pela polícia secreta e passou várias semanas na famigerada prisão de Lubyanka, em Moscou, acusado de propaganda antissoviética.

No entanto, à medida que a incipiente indústria de foguetes decolava, os soviéticos se deram conta dos benefícios, em termos de relações públicas, de reivindicar um de seus próprios cidadãos como pioneiro, e em 1929 Tsiolkovsky foi autorizado a publicar o primeiro artigo propondo o conceito de um propulsor de foguete com múltiplos estágios.

Não há profeta sem honra, especialmente na terra em que nasceu, onde coleciona epitáfios, desde "pai do voo espacial" a "pai dos foguetes". Sua modesta cabana de madeira está aberta ao público; nas proximidades situa-se o Museu Nacional de História da Cosmonáutica, que leva seu nome. No lado oculto da Lua, uma cratera imensa, descoberta pela nave espacial soviética *Luna 3*, leva o nome do homem que sabia que ficção científica pode se tornar fato científico.

Especialistas em ficção científica sabem de tudo isso. Na série *Assassin's Creed*, um protagonista lê *A vontade do Universo*, de Tsiolkovsky. Em um episódio de *Jornada nas estrelas: A nova geração*, uma nave especial é nomeada em homenagem a ele. O cientista russo é citado em dois video games criados por Sid Meier, e aparece mencionado nominalmente em um conto do escritor de ficção científica William Gibson. Meier e Gibson sem dúvida conhecem a citação mais célebre de Tsiolkovsky: "A Terra é o berço da humanidade, mas não se pode ficar para sempre no berço". Pouco antes de morrer, ele escreveu: "Toda a minha vida sonhei que pelo meu trabalho a humanidade avançasse pelo menos um pouco". E avançou.

COLOCAR A TEORIA EM PRÁTICA não foi fácil. Para testar a equação de Tsiolkovsky é preciso acelerar. Para acelerar é preciso combustível. Quanto mais rápido se acelera, mais combustível se faz necessário. Quanto mais combustível se armazena, mais pesada fica a nave que o transporta.

Nas primeiras décadas do século xx, muitos cientistas enfrentavam esse problema. Nas décadas anteriores à Segunda Guerra houve grande progresso, mas foi o próprio conflito mundial, e depois a Guerra Fria, que levaram a rápidos avanços tecnológicos, impulsionados pelo desejo de vencer.

Tanto os soviéticos como os japoneses realizaram experiências com aviões propulsionados por foguetes, e o Japão até desenvolveu um bombardeiro kamikaze movido a foguete. Mas foi o programa de foguetes alemão que liderou a corrida. Seu supervisor era Wernher von Braun, aristocrata prussiano que se inspirou no trabalho de Hermann Oberth. A exemplo deste, Von Braun juntou-se ao Partido Nazista e tornou-se major da ss.

Em 1942, ele supervisionou o primeiro lançamento de um foguete no espaço suborbital, cerca de cem quilômetros acima da Terra, mas a equipe por ele comandada não conseguiu projetar um foguete capaz de atingir a velocidade necessária para entrar em órbita. No entanto, seu V-2 atingia até 5300 quilômetros por hora, e percorria 320 quilômetros antes de cair na superfície da Terra. Quando Adolf Hitler foi informado sobre o achado de Von Braun, encarregou-o de construir milhares de unidades, munidas com ogivas. Em 1944, foram lançados os primeiros V-2. Viajando mais rápido que a velocidade do som, eram quase impossíveis de ser interceptados e atingiam seus alvos em menos de três minutos.

Quando o "Reich dos Mil Anos" de Hitler começou a implodir, doze anos depois de ser instituído, Von Braun e sua equipe dirigiram-se à Baviera e renderam-se aos norte-americanos. Foi uma boa decisão, visto que a alternativa era se render aos russos. Ambas as potências dispunham de oficiais de inteligência encarregados de encontrar as armas secretas nazistas e os cientistas que as criaram.

No que ficou conhecido como "Operação Paperclip", Von Braun e cerca de 120 outros cientistas alemães foram levados secretamente de avião para os Estados Unidos, com o objetivo de desenvolverem o programa norte-americano de mísseis balísticos. O passado desses cientistas foi encoberto.

Muitos eram nazistas fervorosos, mas, ao contrário de alguns de seus colegas que enfrentaram a justiça nos julgamentos de Nuremberg, em vez de serem enforcados foram contratados. Os foguetes V-2 foram construídos principalmente por trabalhadores escravizados selecionados pessoalmente por Von Braun no campo de concentração de Buchenwald, e tais foguetes mataram milhares de civis.

O alegre e articulado Von Braun acabou tornando-se diretor do Centro de Voos Espaciais Marshall, da Nasa, e a face pública do programa espacial norte-americano. Dizia-se que ele afirmava que seus foguetes V-2 funcionavam perfeitamente, a não ser pelo fato de pousarem no planeta errado. A frieza moral exibida por Von Braun equiparou-se à dos norte-americanos, que fizeram um pacto faustiano com ele, acobertando seu passado para que os ajudasse nos embates da nova guerra em que se encontravam — a Guerra Fria.

Os russos adotaram uma abordagem semelhante. A versão deles da "Operação Paperclip" foi a "Operação Osoaviakhim". Em outubro de 1946, o Exército e unidades de inteligência soviéticos levaram mais de 2200 cientistas alemães e suas famílias para a Rússia, a fim de trabalharem em vários projetos, incluindo o programa de foguetes. A Guerra Fria havia começado.

Foi uma época em que as pessoas de todo o mundo viviam sob a ameaça da nuvem em formato de cogumelo. Crianças praticavam exercícios de proteção contra ataques nucleares, e populações eram incentivadas a construir seus próprios abrigos antiaéreos, embora esses em nada ajudassem no caso de uma ocorrência termonuclear. Em agosto de 1949, a União Soviética detonou sua primeira bomba atômica, em um remoto local de testes no Cazaquistão. Uma aeronave espiã dos Estados Unidos, voando ao largo da costa da Sibéria, captou vestígios de radiação, e algumas semanas depois o presidente Harry Truman anunciou ao mundo que a União Soviética era uma potência nuclear. Uma guerra dessa natureza entre os dois países era agora uma possibilidade. E os perigos de um holocausto nuclear tão somente cresceram quando as duas nações desenvolveram bombas de hidrogênio, ainda mais poderosas que as versões atômicas.

Entre as armas da Guerra Fria estava a tecnologia, utilizada de cada lado para provar que seu sistema político — e seu arsenal — era superior. Na década de 1950, ambos os lados já estavam construindo mísseis balísticos capazes de lançar satélites ao espaço para testar níveis de densidade atmosférica, estudar transmissões de ondas de rádio e rastrear objetos em órbita. Obviamente, os mísseis também tinham outro propósito.

O programa espacial soviético era comandado por Sergei Korolev. Na década de 1930, sob tortura, ele "confessou" ser um contrarrevolucionário que atentara contra a mãe pátria e foi enviado para um gulag sabidamente brutal, na Sibéria. Lá, passou fome, teve os dentes arrancados e a mandíbula quebrada, mas quando o conflito com a Alemanha se tornou iminente ele foi transferido para uma prisão em Moscou, onde trabalhou em projetos de foguetes durante a Segunda Guerra Mundial. Quando da Guerra Fria, as ordens expedidas a Korolev foram: "Vença os norte-americanos, chegue lá primeiro". Ele chegou com quatro meses de antecedência.

No início de outubro de 1957, vários radioamadores no leste dos Estados Unidos captaram uma série de sons — *bip bip bip* — em seus aparelhos de ondas curtas. Alguns gravaram o som, e em poucas horas telespectadores e ouvintes de rádio nos Estados Unidos passaram a ouvir transmissões do *Sputnik 1* — o primeiro objeto feito pelo homem a orbitar a Terra. A fronteira tinha sido ultrapassada. A era espacial estava em andamento.

O *Sputnik 1* foi lançado em 4 de outubro, do Cazaquistão. Era pouco maior que uma bola inflável de plástico, pesando apenas 83,6 quilos. Dispunha de quatro antenas compridas, que se projetavam da esfera, e dentro havia um termômetro, algumas baterias, um transmissor de rádio e um ventilador para manter a temperatura baixa. Os norte-americanos suaram frio.

O fato foi saudado como uma vitória da Rússia, da União Soviética e do comunismo. O jornal *Pravda* comentou: "O mundo inteiro ouviu o anúncio do lançamento da lua artificial". Às 23 horas, durante um coquetel no palácio Mariinsky, em Kiev, o líder Nikita Khruschóv soube do sucesso do lançamento. Seu filho Sergei relembra que Khruschóv foi chamado a uma ligação telefônica e saiu da sala, retornando alguns minutos depois, "radiante". Em seguida, sentou-se, permaneceu calado durante um tempo, antes de erguer a mão e pedir silêncio. "Camaradas", disse ele, dirigindo-se aos atônitos partidários ucranianos, "acaba de ser lançado um satélite artificial da Terra".

A Casa Branca fingiu não se importar. O presidente Eisenhower chamou o satélite de "bolinha no ar"; um assessor disse que os Estados Unidos não estavam participando de "uma partida de basquete no espaço sideral", e outro até chamou o *Sputnik* de "brinquedo bobo". No entanto a importância da proeza realizada por Moscou começava a ficar evidente, e as manchetes da mídia norte-americana captaram a atenção de qualquer um que duvidasse da enormidade do evento — "Derrota séria", estampou o *New York Herald Tribune*; "Emergência nacional", declarou *The Reporter*. A bolinha no ar destruiu o sentimento de invulnerabilidade dos Estados Unidos.

O *Sputnik 1* tinha um exterior de alumínio altamente polido cuja luminosidade era tão intensa que os norte-americanos puderam vê-lo passar a cada noventa minutos, diariamente, durante três meses, antes que o satélite sofresse combustão ao reingressar na atmosfera terrestre. Cada vez que o *Sputnik* passava era mais um lembrete de que os soviéticos haviam superado a tecnologia norte-americana. A ansiedade nos Estados Unidos não decorria tanto do satélite em si, mas do enorme foguete que o levara ao espaço. O que os russos chamavam de *Iskustveni Sputnik Zemli*, ou Satélite Artificial da Terra, foi algo que fez o jogo mudar. Antes do *Sputnik*, os Estados Unidos presumiam que seriam capazes de interceptar aeronaves soviéticas portadoras de armas nucleares. Mas o *Sputnik* foi lançado ao espaço por algo que, na verdade, era um míssil balístico evidentemente capaz de alcançar a América do Norte.

O historiador Walter McDougall falou mais tarde sobre o efeito que a notícia do *Sputnik* causou no governo e nos norte-americanos: "Os comunistas liderando em tecnologia? Sendo os pioneiros em uma nova fronteira de dimensão infinita? Em certo sentido, capturando o futuro? O que isso significava? Que o futuro pertencia ao comunismo?". Na verdade, os Vermelhos não estavam apenas à porta — estavam também no céu.

Um memorando marcado "Confidencial" e endereçado ao estafe da Casa Branca poucos dias após o lançamento do *Sputnik* dá uma ideia do que a administração do presidente Eisenhower julgava estar em jogo. Intitulado "Reação ao satélite soviético", o documento afirma: "A opinião pública em países aliados aponta uma preocupação contundente sobre a possibilidade de o equilíbrio do poderio militar ter se alterado", e conclui: "A credibilidade geral soviética foi significativamente aumentada". Poucas semanas depois, os soviéticos lançaram com sucesso o *Sputnik 2*. Dentro viajava uma cadela chamada Laika, que se tornou o primeiro animal a ir ao espaço, mas infelizmente não foi o primeiro a regressar.

O presidente Eisenhower deu luz verde para que um satélite norte--americano fosse lançado o mais cedo possível. Dois meses após a viagem do *Sputnik 1* ao espaço, o foguete que transportava o satélite *Vanguard Test Vehicle 3*, dos Estados Unidos, partiu de Cabo Canaveral, subiu pouco mais de um metro, caiu e explodiu. Ao contrário do que ocorrera na União Soviética, câmeras de telejornais tinham sido convidadas para registrar o evento, e o resultado foi transmitido de costa a costa em poucas horas. A mídia esbaldou-se com manchetes do tipo "Kaputnik!" e "Flopnik". E os soviéticos ofereceram ajuda aos Estados Unidos, no âmbito do "programa de assistência técnica às nações atrasadas".

Eisenhower não achou graça. O orçamento anual dos Estados Unidos destinado ao programa espacial passou de aproximadamente 89 milhões de dólares para 401 milhões de dólares em apenas dois anos. Em janeiro de 1958, o foguete *Juno 1*, projetado por Von Braun, colocou em órbita com sucesso o satélite *US Explorer 1*. Mas os soviéticos já haviam alcançado dois "primeiros". Ambos os lados buscavam agora o próximo "primeiro".

No decorrer dos anos que se seguiram, cada lado teve um "primeiro", mas nada alcançou a magnitude do *Sputnik 1*. Em dezembro de 1958, a mensagem de Natal do presidente Eisenhower foi gravada e transmitida por um satélite dos Estados Unidos e tornou-se o primeiro comunicado feito pela voz humana no espaço. Algumas semanas mais tarde, a sonda *Luna 1* da União Soviética errou o alvo pretendido, a Lua, passando ao largo, e começou a orbitar o Sol, em vez da Terra — um "primeiro", sim, mas por acaso.

Então, mais tarde em 1959, os soviéticos literalmente esbarraram com um grande sucesso, quando a *Luna 2* se tornou a primeira espaçonave a chegar à superfície da Lua. Apesar da "aterragem forçada", expressão científica que significa "caiu", o objetivo foi alcançado e painéis prateados foram espalhados, exibindo símbolos soviéticos na superfície lunar. Com um toque sutil, Khruschóv enviou a réplica de um dos painéis ao presidente Eisenhower, como lembrança. Também naquele ano a espaçonave *Luna 3* (outro projeto de Korolev) alcançou o lado oculto da Lua. O local estava, conforme tantas vezes ocorre, banhado em luz solar, mas anos depois o Pink Floyd não deixaria que isso interferisse na criação do seu álbum de maior sucesso.

Em 1960, os norte-americanos lançaram um satélite de observação meteorológica Tiros (sigla em inglês para Television and Infrared Observation Satellite) para estudar o clima. Em poucos dias o satélite detectou e rastreou uma tempestade na costa de Madagascar e tornou-se o protótipo dos atuais sistemas globais utilizados para comunicados meteorológicos. O sistema só captava traços de larga escala, mas foi o suficiente para deixar a União Soviética nervosa.

Mais tarde naquele mesmo ano, o *Sputnik 5* levou duas cadelas, Belka e Strelka, ao espaço, e felizmente ambas voltaram vivas. Depois de viver um tempo como celebridade, Strelka aposentou-se da vida pública e teve seis filhotes, entre os quais uma cadelinha chamada Pushinka (Fofa). Khruschóv lembrou-se que em 1961, durante uma conversa com a primeira-dama dos Estados Unidos, Jacqueline Kennedy, ela perguntou sobre Strelka. Então, desenvolvendo a habilidade de presentear, ele enviou Pushinka à Casa Branca, munida de passaporte soviético. O presidente John F. Kennedy escreveu para agradecer:

> A sra. Kennedy e eu ficamos muito contentes em recebermos "Pushinka". O voo que a trouxe da União Soviética até os Estados Unidos não foi tão dramático quanto o voo de sua mãe, no entanto foi uma viagem longa e ela aguentou bem. A sra. Kennedy e eu apreciamos ter se lembrado desse assunto em meio à sua rotina agitada.

Pushinka e um dos cães dos Kennedy, Charlie, viveram um romance, resultando em quatro cachorrinhos que JFK chamou de "pupniks". Dadas as tensões extremas da Guerra Fria, esses raros momentos de cordialidade eram bem-vindos.

Mas ainda havia uma corrida espacial a vencer. A Belka e Strelka os norte-americanos contrapuseram Ham — um chimpanzé que se tornou o primeiro hominídeo enviado ao espaço, em 31 de janeiro de 1961. Ninguém se lembra de Ham, porém, porque o segundo hominídeo enviado ao espaço foi também o primeiro homem.

Em 12 de abril, o tenente Yuri Alekseyevich Gagarin aproximou-se do foguete *Vostok 1* — parando apenas para urinar na roda traseira direita do veículo que o conduzira à plataforma de lançamento (até hoje os cosmonautas russos fazem o mesmo em homenagem a ele; as mulheres da tripulação borrifam na roda o líquido de uma garrafa). Gagarin então subiu a bordo da cápsula e aguardou. Não houve contagem regressiva — Sergei Korolev achava que tal contagem era uma afetação norte-americana —, e às 9h07, horário de Moscou, os russos simplesmente apertaram um botão. Gagarin gritou "*Poyekhali!*" — "Vamos!" — e lá foi ele, escapando dos rudes laços terrestres, adentrando o que o poeta e piloto John Gillespie Magee Jr. chamou de "alta e inviolada santidade do espaço" e gravando seu nome nos anais da história humana.

O voo durou 108 minutos, com Gagarin completando pouco mais de uma órbita terrestre. Ao reentrar, quando estava a cerca de sete quilômetros acima da superfície, ele ejetou-se da cápsula e aterrissou em uma área rural da região do Volga. Alguns minutos depois, uma mulher chamada Anna Takhtarova e sua neta de cinco anos viram um astronauta vestindo um traje alaranjado e capacete branco caminhando em sua direção, cruzando um campo onde as duas plantavam batata. Gagarin relembrou mais tarde:

> Quando me viram em meu traje espacial, com o paraquedas sendo arrastado ao meu lado, elas recuaram, com medo. Eu disse: "Não tenham medo; sou um cidadão soviético, como vocês, que desceu do espaço e precisa encontrar um telefone para ligar para Moscou!".

Gagarin tornou-se uma celebridade global, um "Herói da União Soviética" e um grande trunfo para os comunistas na Guerra Fria. Ele tinha apenas 27 anos, era charmoso e sorridente. Melhor ainda, era filho de camponeses, integrantes de uma pequena fazenda coletiva, e ascendera a piloto de caça, depois cosmonauta e, em seguida, o primeiro homem no espaço — que melhor prova poderia existir da superioridade do sistema soviético diante do Ocidente capitalista?

Gagarin foi escolhido entre duzentos pilotos de caça inscritos no programa soviético. O grupo foi reduzido a dois candidatos. O rival era Gherman Titov, tão capaz quanto Gagarin, mas com uma falha — vinha da classe média, era bem-nascido e bem-educado. Khruschóv reconhecia o valor de propaganda da narrativa "Da fazenda coletiva para o espaço", e assim o filho dos camponeses viajou através da atmosfera e do espaço no *Vostok 1*. Os pais de Gagarin foram instruídos a usar roupas simples para assistir ao desfile da vitória estrelado pelo filho, na Praça Vermelha.

A história repercutiu nos Estados Unidos ainda na madrugada, e as redações de notícias em todo o país começaram a ligar para a Nasa, solicitando comentários. O oficial de relações públicas John "Shorty" Powers, zangado por terem perturbado seu sono, gritou para um repórter: "O que você quer?! Estamos dormindo aqui!", resultando na clássica manchete: "Soviéticos colocam homem no espaço. Porta-voz diz que os Estados Unidos estão dormindo".

Foi um baita sinal de alerta. Alguns meses antes, em seu discurso de posse, o presidente Kennedy afirmara: "Pagaremos qualquer preço, suportaremos qualquer fardo, enfrentaremos qualquer dificuldade, apoiaremos qualquer amigo, deteremos qualquer inimigo, para garantir a sobrevivência e o sucesso da liberdade". Antes do voo de Gagarin, financiamentos vultosos para a Nasa não faziam parte desse preço. Agora passariam a fazer.

Em 5 de maio de 1961, apenas três semanas após a volta de Gagarin, Alan Shepard tornou-se o primeiro norte-americano, mas o segundo homem, a viajar ao espaço. Kennedy elevou as metas da nação. Ele e o vice-presidente Lyndon Johnson concluíram que orbitar a Lua ou construir uma estação espacial não bastariam para demonstrar a expertise tecnológica e a liderança norte-americanas. Para alcançar tal objetivo, seria necessário desembarcar norte-americanos na Lua e exibir ao mundo tal feito. Kennedy expôs isso em um discurso ao Congresso naquele mesmo mês: "Se pretendemos ir somente até a metade do caminho, ou reduzir nossa visão por conta das dificuldades, na minha opinião é melhor nem prosseguir".

Ele também explicitou a ligação com a Guerra Fria:

> Se pretendemos vencer a batalha que acontece hoje em todo o mundo entre a liberdade e a tirania, as dramáticas conquistas no espaço que ocorreram nas últimas semanas deveriam ter deixado claro para todos nós, como fez o *Sputnik* em 1957, o impacto dessa aventura na mente das pessoas em todos os cantos do planeta [...]. Acredito que este país deve comprometer-se a alcançar o objetivo, antes do final dessa década, de pousar um homem na Lua e trazê-lo de volta à Terra em segurança [...]. Não será um homem indo para a Lua — se formos assertivos, será uma nação inteira.

O espírito da época foi captado no ano seguinte, em um discurso do presidente proferido em Houston: "Queremos chegar à Lua nesta década e realizar outros feitos — não porque sejam fáceis, mas porque são difíceis". Von Braun lançou mãos à obra.

Korolev já estava trabalhando. Apesar de tantos sucessos, incluindo o *Sputnik 1*, o papel por ele desempenhado como projetista-chefe do programa de foguetes soviético era desconhecido do público. Só foi revelado após sua morte, em 1966, em consequência de complicações ocorridas durante uma cirurgia de rotina. Os médicos tentaram entubá-lo, mas não conseguiram introduzir o tubo de respiração em sua garganta, danificada durante o período em que ele esteve no gulag. Korolev teve um funeral de Estado e suas cinzas foram levadas para o Muro do Kremlin. Gagarin leu o obituário.

Dois anos depois, Gagarin também se foi. Ele havia declarado, referindo-se à sua jornada no espaço que "poderia ter voado pelo espaço para sempre", mas morreu enquanto pilotava um caça a jato MiG-15, aos 34 anos. Dezenas de milhares de pessoas compareceram ao funeral, na Praça Vermelha, e as cinzas de Gagarin foram enterradas perto das de Korolev.

Entre o discurso de Kennedy e a morte de Korolev, os soviéticos mantiveram sua sequência de "primeiros", todos com o selo do falecido engenheiro russo: primeiro voo espacial com tripulação dupla, 1962; primeira mulher no espaço, Valentina Tereshkova, 1963; primeira caminhada no espaço, Alexei Leonov, 1965. A caminhada espacial de Leonov foi bastante dramática — enquanto ele estava fora da nave, seu traje inflou, impossibilitando a volta para a cápsula. Houve vários minutos tensos, enquanto ele descartava oxigênio o suficiente para permitir sua entrada através da câmara de ar de apenas um metro de largura. Um ano depois, a nave *Luna 9* realizou o primeiro pouso suave na Lua e transmitiu as primeiras fotos em close da superfície do satélite.

Em resposta ao discurso proferido por Kennedy em 1961, Khruschóv recusou-se a confirmar ou negar que Moscou estava em uma corrida para chegar à Lua. Sigilosamente, ele havia expedido a ordem: se os norte-americanos afirmaram que chegariam à Lua "antes do fim desta década", os soviéticos chegariam lá antes deles, tendo em mente o ano de 1968. Mas sem seu principal engenheiro e sua principal fonte de inspiração, Sergei Korolev, eles não atingiriam o objetivo.

Na sequência da morte de Korolev houve uma série de falhas técnicas, incluindo a trágica morte de Vladimir Komarov, piloto da *Soyuz 1*, em 1967. Depois de vários contratempos, a missão dele foi abortada, porém o paraquedas principal falhou, e o reserva embolou. A *Soyuz 1* atingiu o solo em alta velocidade e explodiu. Os engenheiros levaram dezoito meses para identificar e resolver os problemas antes que missões pilotadas pudessem voltar a voar. A Nasa teve suas próprias tragédias, incluindo a morte de Virgil Grissom, Ed White e Roger Chaffee no incêndio ocorrido na cabine da *Apollo 1*, durante um teste de solo realizado em 1967. Demorou quase dois anos até que as falhas identificadas fossem corrigidas.

Mas a corrida para o primeiro pouso tripulado na Lua ainda estava em andamento. Os soviéticos tinham ciência das dificuldades que a Nasa enfrentava com o foguete *Saturno V*, desenvolvido para lançamento, e também com o veículo de pouso lunar, e concluíram que os Estados Unidos perderiam o prazo e não fariam outra tentativa antes de 1970, no mínimo. Muitos na Nasa também pensavam assim. Por outro lado, os norte-americanos, ignorando a escala dos problemas que os soviéticos enfrentavam no período pós-Korolev, temiam que os russos usassem uma iminente janela de lançamento, em dezembro de 1968, após a qual a Lua só estaria em posição adequada para voos em meados de 1969.

A janela abriu e fechou, sem nenhum movimento no lado soviético. Mas no mesmo mês de dezembro, três norte-americanos tornaram-se os primeiros homens a orbitar a Lua. A *Apollo 8* circulou o satélite dez vezes, transportando Frank Borman, Jim Lovell e Bill Anders — que também ficou famoso graças à foto "Nascer da Terra", e mais tarde disse que tinham ido à Lua, mas haviam descoberto a Terra. A imagem do nosso planeta pendurado precariamente no vazio, protegido por uma fina camada atmosférica, causou enorme efeito psicológico em muita gente, e atribui-se a ela um grande impulso ao então incipiente movimento ambientalista. Na véspera de Natal, antes de voltarem à Terra, os três participaram de uma transmissão de TV ao vivo, e revezaram-se na leitura do livro de Gênesis: "Deus disse: 'Faça-se a luz!'. E a luz foi feita./ Deus viu que a luz era boa, e separou a luz das trevas".

Diversas fontes apontam que o número de espectadores mundo afora chegou a 1 bilhão de pessoas — cerca de um em cada quatro indivíduos. A estimativa parece demasiado elevada, mas sem dúvida houve um grande público para um evento impressionante. Os seres humanos tinham ido até a Lua e regressado. O próximo era o objetivo principal. O relógio estava correndo.

"Dez, nove, oito, sete...". Era 16 de julho de 1969. A contagem regressiva para a *Apollo 11* estava em andamento. Korolev tinha razão — a contagem regressiva era uma afetação norte-americana. Ou melhor, uma afetação americano-germânica. O filme de Fritz Lang *Mulher na Lua*, de 1929, exibira nas telas a primeira contagem regressiva de lançamento de foguete, no intuito de aumentar a tensão, e utilizara legendas como "*Noch 10 Sekunden*" ("Mais dez segundos") etc., culminando em "*Jetzt!*" ("Agora!"). Adivinhe quem viu o filme...? Um jovem Wernher von Braun, que muito se entusiasmou com a ideia. O procedimento calhou bem com o senso norte-americano de drama e espetáculo na era da televisão. Também agradaria à Comissão de Serviços Públicos da Flórida: em 1998, quando foi informada de que o código de discagem da área telefônica 3-2-1 estava disponível, a Comissão concordou em torná-lo o código oficial da região da Costa Espacial, que inclui o cabo Canaveral.

Quanto ao drama, não existe nada muito mais dramático que o lançamento de um foguete tripulado, e vale a pena revisitar as memórias do astronauta Mike Massimino para um pequeno vislumbre do que os astronautas Neil Armstrong, Edwin "Buzz" Aldrin e Michael Collins sentiram no complexo de lançamento do Centro Espacial Kennedy:

> Aos seis segundos você sente o barulho dos motores principais entrando em ação. Tudo sacoleja por um instante. Então, no zero, a nave volta à posição vertical, e é aí que os foguetes entram em ignição, e nós partimos. Não resta a menor dúvida de que estamos em movimento. Não é como "Ah, será que já partimos?". Não. É *bang!* — e pronto, você já foi [...]. Parecia que um monstro gigantesco, de uma história de ficção científica, tinha me agarrado pelo peito e me arremessado para cima e para cima [...]. A coisa toda pode ser resumida como violência controlada, a maior demonstração de poder e velocidade já criada pelos humanos.

O *Saturno V* era o veículo de lançamento mais poderoso já construído. Contava com três estágios. O primeiro acionou os motores e fez decolar o foguete de 111 metros de altura, queimando 18 mil quilos de combustível por segundo. Antes mesmo de ultrapassar a torre de lançamento, o foguete já seguia a mais de cem quilômetros por hora. Após dois minutos e meio, a 68 quilômetros de altitude, o primeiro estágio ficou sem combustível, caiu, e o segundo estágio acionou seus motores. Seis minutos mais tarde, o *Saturno V* alcançara uma altitude de 175 quilômetros e acelerava para atingir a velocidade orbital. Quando o segundo estágio foi descartado, o terceiro passou a funcionar, colocando Armstrong, Collins e Aldrin em órbita a 28 mil quilômetros por hora.

O restante da viagem de ida durou pouco mais de três dias. Durante a jornada, eles verificavam se estavam no curso correto usando um instrumento familiar a Galileu — um telescópio — e outro conhecido por gerações de marinheiros — um sextante. O computador de bordo no módulo de comando era menos poderoso que uma calculadora de bolso utilizada hoje em dia. Foi uma descida tensa, com Armstrong e Aldrin conduzindo o módulo lunar *Eagle* até a superfície pedregosa da Lua — no momento em que pousaram restavam apenas quinze segundos de combustível no tanque. Quatro horas depois, Armstrong deu o famoso pequeno passo na superfície do Mar da Tranquilidade, um salto gigantesco na história.

Dia 21 de julho de 1969: uma data que será lembrada no futuro distante como um dos momentos mais incríveis da história da humanidade, muito depois que detalhes de tantas guerras, revoluções, quebras de bolsas de valores e pandemias desaparecerem na obscuridade. Armstrong é uma figura colossal, mas estava ciente de que seguia o rastro de gigantes, como Gagarin, Tsiolkovsky, Goddard, Oberth, Korolev, Von Braun e, antes deles, grandes cientistas ao longo dos tempos. Também entendeu o significado do momento na Guerra Fria, dizendo mais tarde: "Eu estava plenamente ciente de que aquilo era o ápice do trabalho de 300 mil ou 400 mil pessoas ao longo de uma década e de que as esperanças e a imagem externa da nação dependiam em grande parte dos resultados obtidos". Entre tais pessoas havia heróis anônimos, como a brilhante matemática Katherine Johnson, que calculou as trajetórias precisas que permitiram que a *Apollo 11* pousasse na Lua, e Margaret Hamilton, que cunhou a expressão "engenharia de software" e escreveu os programas que controlaram os módulos de comando lunares.

Armstrong também sabia que não estava sozinho em outro sentido — os soviéticos vinham no encalço. Estes, em um último esforço para pelo menos conseguirem levar um aparato até a superfície da Lua e trazê-lo de volta, lançaram uma nave não tripulada poucos dias antes de a *Apollo 11* decolar.

Havia alguns meses que eles sabiam que o sonho de serem os primeiros a pousar um ser humano na Lua estava praticamente inviabilizado. Ou, para ser mais preciso, havia ardido em chamas. Estavam bem atrás dos norte-americanos, mesmo antes de dois eventos catastróficos ocorridos naquele ano, envolvendo o imenso foguete *N1*, rival russo do *Saturno V*. No primeiro desastre, em fevereiro de 1969, o foguete e o módulo de pouso não tripulado decolaram do cosmódromo de Baikonur, no Cazaquistão soviético, subiram durante cerca de dois minutos, alcançaram uma altitude de catorze quilômetros e então desaceleraram e caíram em solo não muito distante do local de lançamento, explodindo no impacto.

No início de julho, apenas duas semanas antes da data de lançamento da *Apollo 11*, os soviéticos fizeram nova tentativa. Funcionários de médio escalão tentaram alertar os chefões sobre uma série de problemas potenciais, mas ouviram que deveriam ficar calados. O Politburo, em Moscou, foi informado tão somente sobre o que os membros mais veteranos desejavam ouvir. Dessa vez o foguete e o módulo atingiram a altitude de cem metros, antes de aparentemente congelarem no ar, precipitarem-se e caírem em solo, explodindo. A maior parte do complexo de lançamento foi destruída, e as janelas da área residencial dos técnicos, a 35 quilômetros de distância, ficaram estilhaçadas.

Mesmo se a missão *Apollo 11* houvesse falhado, a União Soviética não ficaria em vantagem. Seria preciso mais de um ano para reconstruir a plataforma de lançamento do *N1*. Mas os russos ainda dispunham do foguete *Proton K* e do módulo *Luna*, capaz de pousar na Lua e dela decolar. Poderiam instalar no módulo sistemas de telecomunicações, um kit de perfuração para coletar solo lunar e uma câmera, e poderiam lançar e resgatar o equipamento antes da ação pretendida pela *Apollo 11*. Uma primeira ida e volta talvez não fosse algo tão positivo quanto o primeiro homem na Lua, mas poderia diluir o efeito da proeza que os norte-americanos estavam prestes a realizar.

Assim, três dias antes de a *Apollo 11* decolar do cabo Kennedy, a nave *Luna 15* partiu de Baikonur. Os norte-americanos desconheciam o objetivo do lançamento, mas os soviéticos sabiam que a corrida fora iniciada. A nave soviética enfrentou problemas técnicos no caminho e depois perdeu mais tempo, enquanto orbitava a Lua, e os técnicos perceberam que a trajetória de pouso poderia levá-la a um terreno acidentado no qual colidiria. Em duas ocasiões o procedimento de pouso precisou ser postergado, e nessa lacuna partiu a *Apollo 11*.

Quando os cientistas soviéticos se sentiram confiantes o bastante para pousar a *Luna 15*, Armstrong e Aldrin já haviam saído para a sua caminhada na Lua, reunido 22 quilos de solo e pedras, fincado a bandeira norte-americana, conversado com o presidente Richard Nixon diante de uma audiência global de TV estimada em mais de 650 milhões de pessoas e voltado à espaçonave. Duas horas antes de a *Apollo 11* decolar da Lua, a *Luna 15*, então em sua 52ª órbita, começou a descer.

À medida que os acontecimentos dramáticos se desenrolavam, cientistas do Observatório Jodrell Bank, na Inglaterra, acompanhavam as transmissões de ambas as missões através de um radiotelescópio. Rumores de Moscou sugeriam que a *Luna 15* estava equipada para pousar, e nas gravações feitas pelo observatório é possível ouvir o momento em que a missão ficou clara. De um jeito bem britânico, um dos cientistas exclama: "Está pousando! Eu diria que foi realmente um drama do mais alto nível".

No entanto, foi mais um choque do que uma aterrissagem. A nave desceu angulada. Dados sugerem que no momento de sua última transmissão a *Luna 15* estava cerca de três quilômetros acima da superfície da Lua. É provável que a nave tenha caído na encosta de uma montanha, a uma velocidade de aproximadamente 480 quilômetros por hora. O local do acidente é conhecido como Mar de Crises. Pouco depois, Armstrong e Aldrin decolaram, deixando na Lua um medalhão comemorativo, contendo o nome de Gagarin e de outros cosmonautas e astronautas que perderam a vida na corrida espacial.

Exatamente 2982 dias haviam se passado desde que Kennedy fixara o prazo para o feito. E a viagem foi realizada, ida e volta, com 161 dias de antecedência.

A corrida chegou ao fim. Os norte-americanos venceram; então, os soviéticos fingiram que tinha sido uma espécie de páreo de um cavalo só. A União Soviética, defensora dos trabalhadores do mundo, jamais desperdiçaria o dinheiro do povo em um espetáculo secundário, caro e arriscado, choramingou o Kremlin. A mensagem da Rádio Moscou enviada aos aliados marxistas-leninistas, em países como a República Popular de Angola, a República de Cuba e a República Democrática do Vietnã, foi que a *Apollo 11* fazia parte do "desperdício fanático da riqueza saqueada aos povos oprimidos do mundo subdesenvolvido".

Apesar das evidências contrárias, a mentira foi aceita em alguns círculos ocidentais. Em 1964, o *New York Times* publicou: "Ainda há tempo para cancelar o que se tornou uma corrida de uma só nação". Depois, em 1974, Walter Cronkite disse aos telespectadores da CBS: "Ocorre que os russos nunca estiveram na corrida". Visões semelhantes foram mantidas até 1989 e o início da glasnost, ou abertura, soviética. Então uma equipe de engenheiros da indústria aeroespacial norte-americana foi convidada para uma visita ao Instituto de Aviação de Moscou, onde foi exibida a nave de pouso lunar que os soviéticos construíram para levar seus cosmonautas à Lua primeiro. O *New York Times* publicou uma manchete de primeira página: "Agora, soviéticos reconhecem a corrida lunar".

Depois de 1969, os soviéticos, aos poucos, chegaram à conclusão de que ficar em segundo lugar não valia as enormes somas de dinheiro que estavam gastando. O programa de treinamento de cosmonautas foi cancelado, mas os engenheiros de foguetes foram mantidos. Um pouso lunar na década de 1970 apenas confirmaria que eles vinham tentando realizar a proeza havia muito tempo e que sua tecnologia era inferior. Conforme Yaroslav Golovanov, jornalista do *Pravda*, observou posteriormente: "O sigilo era necessário para que ninguém nos alcançasse. Porém mais tarde, quando eles nos ultrapassaram, tivemos que manter o sigilo para que ninguém soubesse que tínhamos sido ultrapassados".

Os norte-americanos completaram mais seis missões tripuladas, pousando um total de doze astronautas na superfície da Lua. A *Apollo 17* foi a última nave, partindo em 14 de dezembro de 1972, e desde aquele ano ninguém mais voltou lá. O programa espacial havia drenado 30 bilhões de dólares dos cofres do país, a Guerra do Vietnã estava a todo vapor, tumultos ocorriam nas grandes cidades e o interesse público nas missões havia diminuído.

Os líderes norte-americano e soviético (Nixon e Brejnev) cortaram os orçamentos espaciais, e durante um breve degelo na Guerra Fria as duas nações planejaram uma missão conjunta para acoplar uma *Soyuz* e uma *Apollo*. As naves uniram-se em 1975, e as duas tripulações trocaram presentes, enquanto uma visitava a nave da outra, através de uma câmara de descompressão não muito diferente daquela projetada por Tsiolkovsky no início do século. Em seguida, ambos os países se concentraram em ônibus espaciais e estações espaciais orbitais.

E a Lua? Ainda está lá, é claro. Também ainda estão lá os três veículos lunares deixados pelos norte-americanos, bem como ferramentas e equipamentos de televisão abandonados para darem espaço ao solo coletado e às amostras de rochas trazidas para a Terra. Um dia, talvez, serão expostos em um museu na Lua, junto a tantos outros objetos espalhados pela superfície lunar. Há várias bandeiras dos Estados Unidos e uma placa da missão *Apollo 11* que diz: "Aqui os homens do planeta Terra pisaram pela primeira vez na Lua. Julho de 1969, d.C. Viemos em paz em nome de toda a humanidade".

Há também um martelo e uma pena. O astronauta da *Apollo 15* David Scott prestou homenagem às experiências de Galileu, realizadas no século XVI, quando, segundo consta, o italiano deixou cair dois objetos de pesos diferentes do topo da Torre de Pisa. Scott disse que Galileu foi fundamental para os pousos na Lua. Quando ele deixou cair uma pena e um martelo sobre a superfície lunar, o público telespectador viu que ambos caíram na mesma velocidade. A pena pertencia a Baggin, um falcão que era mascote da Academia da Força Aérea norte-americana.

E há duas bolas de golfe. Alan Shepard levou a cabeça de um taco de golfe durante a missão *Apollo 14*, prendeu-o a uma ferramenta e abriu caminho para si na história. Todos esses itens falam do romance da exploração espacial, assim como, embora em escala bem menor, os cerca de cem sacos de urina e excrementos deixados para trás. Pode haver espaço para um ou dois saquinhos em nosso futuro Museu da Lua, mas certamente não para todos.

Então, no que, além de lixo, o pouso na Lua resultou? Há o ângulo geopolítico — a corrida espacial foi uma grande batalha durante as longas décadas da Guerra Fria. O sistema capaz de realizar a façanha técnica e aplicar os recursos financeiros necessários para vencer a batalha desferiu um golpe psicológico no outro sistema. Dizem que a Guerra Fria foi vencida "sem que um tiro fosse disparado". Dado o número de guerras "por procuração" que ela gerou mundo afora, isso nunca foi verdade.

Há também as conquistas científicas decorrentes da corrida espacial: os avanços feitos por ambos os lados. A ciência da computação, as telecomunicações, a microtecnologia e a tecnologia de energia solar foram rapidamente impulsionadas pela engenharia necessária para chegar à Lua e voltar. Os modernos sistemas portáteis de purificação de água são herdeiros daqueles inventados pela Nasa. O mesmo acontece com as máscaras respiratórias mais leves usadas por bombeiros em todo o mundo, bem como suas roupas resistentes ao calor. Laptops, fones de ouvido sem fio, luzes de LED e colchões de espuma viscoelástica? Todos esses itens advêm da ciência da corrida espacial, alguns diretamente.

Mas fones de ouvido sem fio e máscaras respiratórias são meros detalhes da história, e mesmo a Guerra Fria acabará por ser relegada a segundo plano. Estima-se que cerca de 110 bilhões de humanos já caminharam na superfície da Terra. Quase todos terão contemplado a Lua, deslumbrados. Mas apenas doze caminharam na superfície lunar. Armstrong pisando no que Aldrin chamou de cena de "magnífica desolação" é um momento para todo o sempre.

PARTE II

Aqui, agora

CAPÍTULO 3

A era da astropolítica

No primeiro dia, todos apontamos para nossos países. No terceiro ou quarto dia estávamos apontando para nossos continentes. No quinto dia, temos consciência de uma única Terra.

SULTÃO BIN SALMAN AL-SAUD, astronauta

O ônibus espacial *Atlantis* decola do Centro Espacial Kennedy, na Flórida, rumo à Estação Espacial Internacional, em 16 de novembro de 2009.

Muitos de nós ainda pensamos no espaço como algo "lá fora" e "no futuro". Mas o espaço está aqui e agora — a fronteira para o grande além está bem ao nosso alcance.

A corrida espacial consistia em subir e chegar longe. Atualmente, estamos pleiteando o que existe lá. E, à medida que mais países passam a viajar pelo espaço, a história sugere que haverá competição e cooperação ao longo do caminho. Isso implicará inevitavelmente "esferas de influência" e até reivindicações de território, enquanto rivalidades, alianças e conflitos na Terra repercutem pelo espaço. Protagonistas militares e civis já estão de olho nas oportunidades, desde o cinturão de satélites até a Lua, e mais além.

Estamos na era da "astropolítica".

Os grandes teóricos geopolíticos dos séculos XIX e XX, tais como o almirante Alfred Thayer Mahan (portento marítimo) e Halford Mackinder (portento terrestre), levavam em conta localização, distância e suprimentos quando avaliavam o que determinado país poderia ou não alcançar, bem como o impacto de tais circunstâncias nas relações internacionais. Vales, rios e montanhas criam as condições em que negociamos e, às vezes, guerreamos.

A astropolítica aplica princípios semelhantes. A exemplo da geopolítica, sua base é a geografia. O espaço exterior não é destituído de atrativos — possui regiões de intensa radiação a serem navegadas, oceanos de distância a serem cruzados, vias onde a gravidade de um planeta pode acelerar naves espaciais, corredores estratégicos onde é possível posicionar equipamento militar e comercial, e conta também com terras ricas em recursos naturais. Tudo isso atrai a atenção das grandes potências, que tentarão obter e manter vantagens. E levanta importantes questões, enquanto os países se preparam para a correria espacial. Que locais estratégicos no espaço serão mais úteis? Que planetas podem ter água ou minerais? Qual é a densidade de suas atmosferas? Existirá um planeta viável de ser colonizado por nós?

Uma compreensão da geografia do espaço é necessária, se quisermos entender a astropolítica.

A geografia do espaço começa na Terra, pois primeiro precisamos encontrar uma maneira de subir. É certo que os custos e o esforço necessários diminuíram desde a era Apollo, mas se uma nação — ou empresa — pretende viajar pelo espaço, precisará contar com vultosos recursos financeiros, capacidade de lançamento de foguetes ou acesso a alguma região adequada do mundo que esteja disposta a colaborar.

E assim começamos, literalmente, em terra firme, com as localizações mais adequadas para lançamento de foguetes. Pensemos nelas como portos onde naves iniciam viagens. O local mais funcional para lançamento é aquele que aproveita ao máximo a velocidade de rotação da Terra, a fim de obter uma entrada mais rápida no espaço — portanto usando menos combustível —, o que significa algum lugar perto da linha do Equador, onde a rotação da Terra é mais rápida (cerca de 1669 quilômetros por hora). Os Estados Unidos usam o Complexo de Lançamento do Centro Espacial Kennedy, na Flórida, onde a velocidade é de 1440 quilômetros por hora. Dentro das fronteiras do país, trata-se do ponto mais próximo da linha do Equador; a União Europeia tem utilizado a Guiana Francesa, na América do Sul, enquanto a Rússia recorre ao Cazaquistão. Nosso planeta gira de oeste para leste, e assim os foguetes são lançados para o leste, a fim de receberem o impulso extra propiciado pela velocidade de rotação da Terra, economizando combustível e tempo. Também é importante que a zona onde os propulsores descartados caiam fique em áreas predominantemente desabitadas — daí a razão pela qual muitos locais de lançamento estão posicionados em costas orientais.

O ideal é que o país tenha porte suficiente para contar com insumos em expertise, engenharia, tecnologia e metais raros, para que o programa espacial não dependa demasiadamente de apoio externo; a população deve estar engajada no projeto e acreditar fortemente no valor da ciência e do avanço tecnológico. Além disso, quanto maior o país, mais firmamento poderá ser avistado do território nacional e mais fácil será rastrear satélites e naves espaciais — amistosas ou não.

Considerando o que acaba de ser dito, é possível entender por que atualmente a China, os Estados Unidos e a Rússia são as potências dominantes, desenvolvendo presenças militar e civil significativas no espaço. A UE seria capaz de juntar-se ao trio, se exercesse a opção estratégica de longo prazo para fazê-lo; a Índia também tem potencial.

Tendo encontrado um ponto de partida na superfície do planeta, agora estamos subindo pelas nuvens e passando rapidamente pela altitude máxima de cruzeiro, típica de aviões comerciais — cerca de doze quilômetros. Subimos mais sessenta quilômetros e nos aproximamos do espaço, definido pela Nasa como iniciando oitenta quilômetros acima do nível do mar — tudo abaixo disso é a Terra. No entanto a Federação Aeronáutica Internacional, com sede na Suíça, que ratifica registros astronáuticos, define o espaço como começando cem quilômetros acima da Terra. Trata-se da linha Kármán, o ponto em que uma nave começa a "se libertar" da Terra. Estamos entrando no "espaço cislunar" — compreendendo a região entre a Terra e a Lua, que abrange 385 mil quilômetros de distância. O termo vem do latim, e significa "aquém da Lua".

Quando atingimos a órbita baixa da Terra, entre cerca de 160 quilômetros e 2 mil quilômetros acima de nós, talvez possamos vislumbrar a Estação Espacial Internacional (ISS, na sigla em inglês), que orbita a uma altitude média de quatrocentos quilômetros. Essa área mudou bastante desde que o *Sputnik* foi lançado, inclusive em termos de política. Em 1993, foi firmado um acordo entre as agências espaciais dos Estados Unidos, da Rússia, da Europa, do Japão e do Canadá visando à construção de uma estação espacial a despeito de diferenças políticas e culturais. Em 1998, os russos transportaram a primeira parte, e dois anos depois havia espaço suficiente para a acomodação de ocupantes. A partir daquele momento, mais de 150 norte-americanos e mais de cinquenta russos têm compartilhado alojamentos e laboratórios de ciências com dezenas de outros astronautas, incluindo onze do Japão, nove do Canadá, cinco da Itália, quatro da França e quatro da Alemanha. Outros países enviaram pessoas para contribuir com o trabalho científico ali realizado: Bélgica, Brasil, Dinamarca, Reino Unido, Israel, Cazaquistão, Malásia, Países Baixos, África do Sul, Coreia do Sul, Espanha, Suécia e Emirados Árabes Unidos. O número recorde de nacionalidades presentes em um mesmo momento é treze. Os centros de controle da missão, em Moscou e Houston, levaram e trouxeram de volta esses homens e mulheres, geralmente em uma cápsula russa *Soyuz*. A ISS é o símbolo do que pode ser alcançado no espaço por meio da cooperação. Infelizmente, a estação está quase no fim de sua vida útil e deverá ser desativada em 2031; então, cairá em uma parte remota do oceano Pacífico conhecida como Ponto Nemo, onde dormirá com os peixes.

Mas talvez não seja possível avistar a ISS, devido ao intenso tráfego no espaço. A órbita terrestre baixa é uma área atraente porque é ali que a maioria dos satélites opera. Sem satélites, redes internacionais de comunicação e GPS não existiriam. Se satélites fossem bloqueados, hackeados ou destruídos, a van que entrega nossas compras não conseguiria nos localizar, serviços de emergência se perderiam, navios sairiam do curso e uma grande economia industrializada como a do Reino Unido perderia cerca de 1 bilhão de libras esterlinas por dia. A importância dos satélites para a vida hoje é incalculável, e sua função nas Forças Armadas tornou-se fundamental para a guerra moderna.

Os satélites atuais têm vários formatos e pesos, desde pequenos, do tamanho de um cubo mágico e pesando apenas 1,33 quilo, até unidades de mais de mil quilos, os tradicionais "burros de carga" da indústria. A maioria dos modelos possui painéis solares, para obter energia, bem como outros painéis, para proteger a parte elétrica do calor intenso. Todos os modelos requerem um sistema de comunicação, um computador (para monitorar uma série de medições, incluindo altitude e rota) e um meio de propulsão (para corrigir o curso, caso se desviem da órbita prevista).

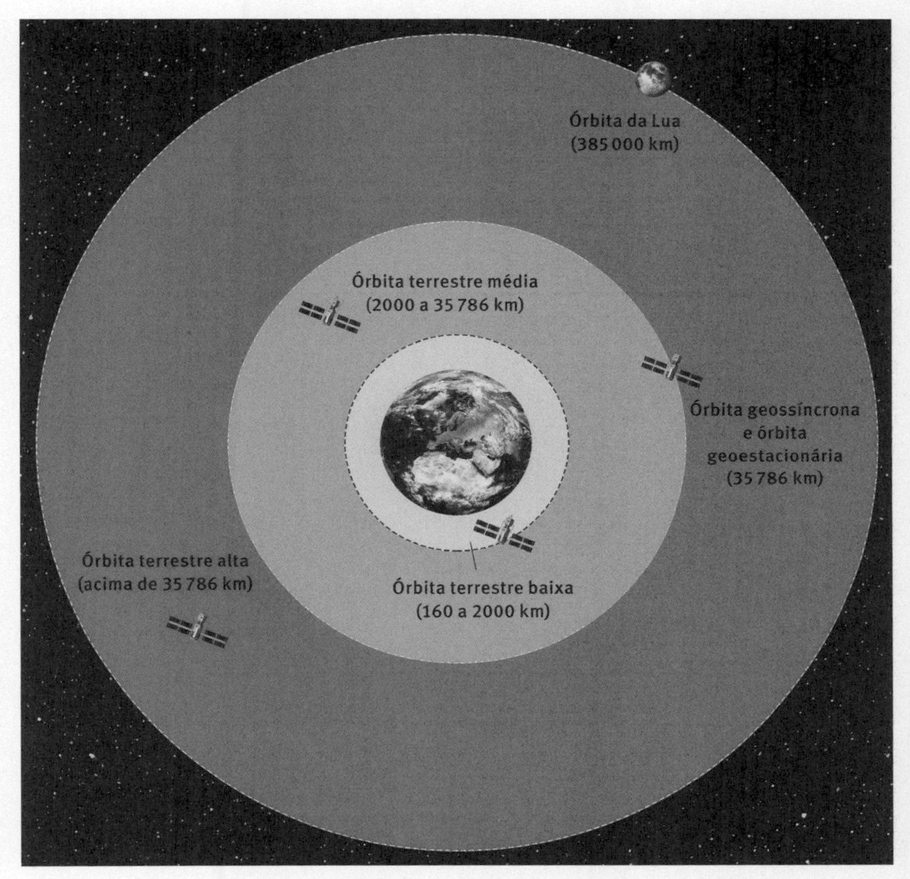

Órbitas em que os satélites viajam em torno da Terra (fora de escala).

Os satélites entram em órbita depois de pegar carona em um foguete disparado verticalmente, com o propósito de cruzar a atmosfera o quanto antes, visando à redução do consumo de combustível. A maioria voa de oeste para leste, seguindo a direção da rotação da Terra. Poucos satélites voam na órbita polar no sentido norte-sul, porque a direção de tal lançamento exige mais combustível. Os que o fazem são usados sobretudo para mapeamento, monitoramento meteorológico e reconhecimento, e uma órbita completa leva cerca de noventa minutos. O satélite observa o globo em segmentos (pois um e outro se movem em direções diferentes), como se fossem gomos de uma imensa e pálida tangerina azul. Toda a superfície pode ser mapeada em 24 horas.

Os satélites na órbita padrão oeste-leste demoram entre noventa minutos e duas horas para circundar o planeta, dependendo da distância a que estão da Terra, e em cada passagem permanecem apenas alguns minutos sobre determinada área-alvo. Tendem a atuar em grupos, ou constelações, com o propósito de criar uma "rede", e muitas vezes comunicam-se entre si, bem como com as estações terrestres, para estabelecer uma cobertura permanente. O GPS utiliza um mínimo de 24 satélites distribuídos em todo o planeta para efetivar tal cobertura.

A órbita terrestre baixa é a região mais comumente usada para a obtenção de imagens via satélite: o fato de estar relativamente próxima à superfície da Terra permite imagens mais nítidas. O nível de detalhe que as câmeras de satélite para uso militar podem capturar, por exemplo, é impressionante. Um satélite meteorológico civil conta com uma resolução de um quilômetro, o que significa que não se pode ver nada menor que um quilômetro em tamanho — bom para medir a temperatura do mar, nem tão bom para identificar Jason Bourne saindo de um prédio. Qualquer índice acima de cinquenta metros é considerado de baixa resolução. Em se tratando de satélites militares modernos de última geração, acredita-se que a resolução alcance até 0,15 metro, viabilizando a identificação da marca dos óculos de sol que Bourne está usando. O uso comercial dessa tecnologia não é permitido, por motivos de segurança. Se um satélite está sendo usado para vigilância, detectá-lo ou saber quando ele está devidamente posicionado é bastante útil para quem prefere não ser vigiado. Alguns satélites podem ser vistos a olho nu; outros exigem informação privilegiada para se conhecer sua localização.

Estrategicamente, a órbita terrestre baixa é um potencial "ponto de estrangulamento". Estamos familiarizados com esses pontos na Terra, por exemplo o canal de Suez e o estreito de Ormuz: locais onde as rotas marítimas são estreitas e podem ser facilmente bloqueadas. A analogia não é exata, mas é útil. Assim como é necessário ser capaz de defender os locais de lançamento para se aventurar no espaço, é preciso garantir acesso às linhas de comunicação fornecidas por satélites na órbita terrestre baixa, e também ser capaz de viajar através de tal área, a caminho do "oceano" do cosmos.

À medida que continuamos nossa jornada para o espaço, precisamos evitar permanecer nos cinturões de radiação de Van Allen — duas áreas em formato de rosca que se estendem da Terra por milhares de quilômetros, contendo partículas de alta energia presas pelo campo magnético terrestre. As concentrações de radiação variam, mas em alguns locais são elevadas o suficiente para fritar os componentes eletrônicos de uma espaçonave e, com o tempo, deteriorar as ligações químicas existentes entre as células do corpo humano.

A cerca de 2 mil quilômetros de altitude, entramos na órbita terrestre média, que vai até 35786 quilômetros. Ali, os satélites levam cerca de doze horas para completar uma volta ao mundo. Muitos deles prestam serviços de posicionamento e navegação à Terra. Essas máquinas carregam relógios atômicos que medem o tempo de acordo com as vibrações dos átomos. Consta que sejam tão precisas que não acrescentariam nem perderiam um segundo sequer ao longo de milhões de anos. O satélite envia um sinal de rádio (à velocidade da luz) para receptores na Terra, incluindo os que estão em nosso smartphone e no GPS do nosso carro. O mecanismo calcula nossa localização, mesmo enquanto nos movemos, de modo que nosso carro saiba onde está e como chegar a outro lugar. Quase sempre.

Avante e para cima, até a órbita terrestre alta, começando com a região de órbita geoestacionária e geossíncrona, a 35786 quilômetros de Terra. A única diferença entre as duas é que um satélite em órbita geossíncrona pode circundar o planeta em qualquer inclinação, enquanto um satélite geoestacionário sempre segue a linha do Equador.

A órbita terrestre baixa é um território complicado para satélites de comunicação porque ali eles se movem tão rapidamente que é difícil para as estações terrestres rastreá-los, mas a velocidade do satélite corresponde à velocidade da rotação da Terra e, portanto, ele permanece acima de uma mesma região. Se conseguirmos avistar um deles, veremos que parece estacionário. Uma única máquina pode visualizar até 42% da superfície da Terra. Satélites militares de comunicação e interceptação são mantidos nessa órbita, junto a satélites de TV, rádio e alguns satélites meteorológicos de longo alcance. Devido à interferência de sinal, existem ali apenas algumas "brechas" e frequências limitadas nas quais as máquinas podem realizar comunicações. A União Internacional de Telecomunicações da ONU determina posições e frequências, de modo que não se pode simplesmente parar e estacionar ali.

É a área onde os norte-americanos mantêm seus seis Satélites Avançados de Altíssima Frequência, de dupla utilização, que se comunicam com aviões de combate dos Estados Unidos, com militares britânicos, holandeses, australianos e canadenses, e com o sistema de alerta nuclear dos Estados Unidos. O esquema de alerta russo — Sistema Unificado de Comunicação por Satélite — está na mesma órbita, e consta que parte do sistema de satélite chinês Beidou realize um trabalho semelhante.

É na órbita terrestre alta, mais adiante, que muitos satélites vão "morrer". À medida que um satélite chega ao fim da sua vida útil, os propulsores de bordo empurram-no para fora da órbita geossíncrona, ao espaço mais longínquo, para garantir que o objeto não represente um perigo para os demais.

O trânsito acima da Terra está bastante movimentado, e deve ficar ainda mais congestionado. Mais de oitenta países cruzaram a fronteira e colocaram satélites no espaço, levados pelos onze países que detêm (ou detiveram) capacidade de lançamento. Os maiores protagonistas são a China, os Estados Unidos e a Rússia, com Japão, Índia, Alemanha e Reino Unido posicionando-se em seguida. Também reivindicando seu lugar no cinturão de satélites estão Tunísia, Gana, Angola, Bolívia, Peru, Laos, Iraque e dezenas de outros países normalmente não associados a máquinas que orbitam o planeta. Muitos desses satélites são lançados por empresas privadas, e não apenas por Estados. De acordo com a Union of Concerned Scientists [União dos Cientistas Preocupados], existem atualmente bem mais de 8 mil satélites voando ao redor da Terra, cerca de 60% dos quais estão ativos, e a eles se juntarão muitos, muitos mais. Há espaço suficiente para centenas de milhares deles, mas com cada novo satélite aumentam os riscos de colisão e conflito direto.

Seguindo adiante no espaço, outras áreas-chave para satélites são os pontos de Lagrange, que funcionam como "estacionamentos", locais onde a atração gravitacional de duas grandes massas que orbitam uma à outra equilibra-se entre elas. Isso significa que um terceiro corpo, menor, como um satélite ou uma nave espacial, pode pairar no local e permanecer em posição, utilizando o mínimo de combustível. Como alternativa, no futuro, será possível transportar uma remessa de matérias-primas extraídas de um asteroide ou o equipamento necessário para construir uma estação espacial até um desses pontos e ter certeza de que tudo ainda estará lá, aguardando o retorno do remetente.

Existem cinco pontos de Lagrange em cada sistema de dois corpos, por exemplo, o Sol-Júpiter. Os que nos dizem respeito são os da Terra com o Sol e da Terra com a Lua. L1 no sistema Terra-Sol está a 1,5 milhão de qui-

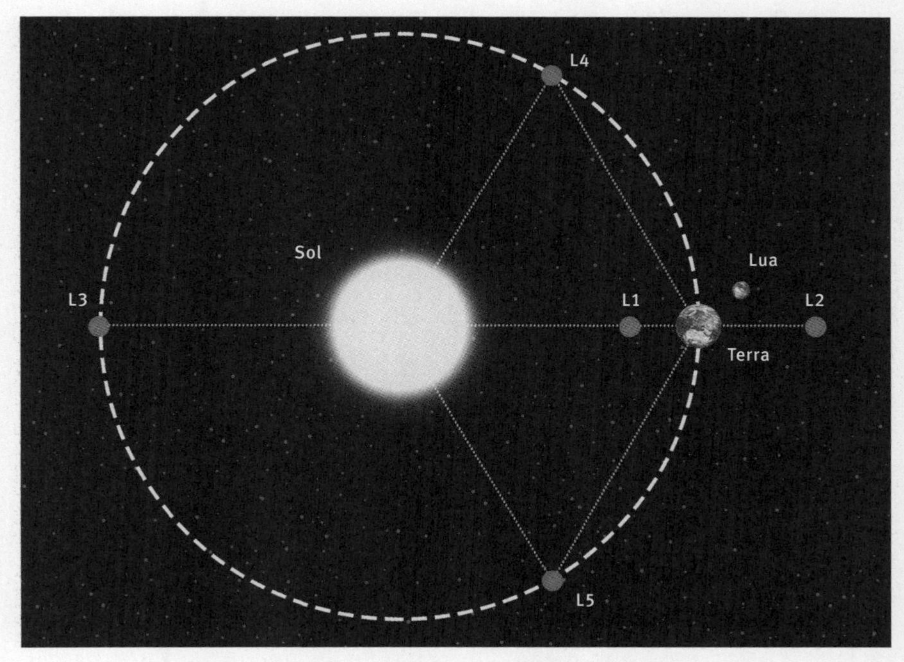

Os pontos de Lagrange do sistema Terra-Sol (fora de escala), locais vantajosos para posicionar satélites. Esses pontos existem em todos os sistemas de dois corpos, incluindo a Terra e a Lua.

lômetros de distância, mas é onde fica o Observatório Solar Heliosférico (na sigla em inglês, Soho), que mantém um olhar contínuo sobre o Sol, a uma distância (relativamente) segura. O telescópio espacial *James Webb* chegou a L2 em 2022, e como se mantém fora da sombra do Sol, da Terra e da Lua, tem vista ininterrupta do espaço profundo. Pequenos ajustes, usando quase nenhum combustível, deverão mantê-lo em posição durante os próximos vinte anos.

L4 e L5 ainda não estão em uso, e pouca gente se interessa por L3, pois fica escondido do outro lado do Sol. Mas L3 tem sido útil para escritores de ficção científica, que imaginam uma imagem espelhada da Terra lá, ideia bem capturada pelo filme *Doppelgänger*, de 1969, também conhecido como *Odisseia para além do Sol*. O filme tem alguns toques excelentes: o valente astronauta terrestre acha que fez um pouso forçado em nosso planeta até que... percebe que a escrita é registrada ao contrário e, pior, que as pessoas dirigem do lado errado das vias! É um pouco como estar na Rússia.

De volta ao mundo real (creio eu), no sistema Terra-Lua, L1 e L2 podem tornar-se importantes locais para o estabelecimento de "portais" espaciais próximos à Lua. L2, em particular, está na face oculta da Lua e, como tal, propicia "silêncio de rádio", o que significa que os cientistas podem estudar o Universo sem interferência das comunicações da Terra. As vantagens estratégicas dos pontos L sugerem que pode haver competição por seu uso. Felizmente, os referidos pontos são enormes — com cerca de 800 mil quilômetros de largura; portanto, há espaço de sobra, mas as potências espaciais que operam nessas regiões exercem constante vigilância umas sobre as outras.

L3 é menos útil porque está do lado oposto da Terra, em relação à Lua. L4 e L5 tampouco são usados atualmente, mas uma vez que se localizam relativamente perto da Terra são considerados pontos com potencial para se estacionarem futuras colônias espaciais. Nas décadas de 1970 e 1980 existia um grupo chamado Sociedade L5 — o que parece um pouco estranho, assim como cheira a favoritismo —, mas na verdade era formado por cientistas sérios, cujo propósito era promover as ideias de um professor de física da Universidade Princeton, Gerard K. O'Neill. Os participantes tinham senso de humor, conforme demonstrado por uma mensagem inicial: "Nosso objetivo de longo prazo expressamente declarado será dissolver a Sociedade em uma reunião em massa a ser realizada em L5". Em 1987, a sociedade, com seus 10 mil membros, fundiu-se com o Instituto Nacional Espacial, ainda maior, que hoje é chamado de Sociedade Nacional Espacial.

A parada final em nossa viagem cislunar é na própria Lua — a 385 mil quilômetros de distância, meros 1,3 segundos-luz, tempo que a luz leva para viajar da Lua até nosso globo. Movendo-se a cem quilômetros por hora, seria necessário menos de uma hora para ir da Terra ao espaço, e mais seis meses para chegar à Lua. A viagem mais rápida feita até agora foi a da aeronave *New Horizons* — oito horas e 35 minutos —, mas a maioria das viagens tripuladas dura cerca de três dias.

A superfície e o relevo da Lua já foram mapeados. É um lugar impressionante, com montanhas, cordilheiras, vales, planícies e enormes cavernas. A área de superfície soma quase 38 milhões de quilômetros quadrados, pouco maior que a África. Durante mais de 1 bilhão de anos, a Lua foi bombardeada por meteoritos, alguns tão grandes que o impacto criou bacias, com os vários anéis e montanhas que podemos ver hoje, a olho nu, da Terra. Também enxergamos áreas claras e escuras — as terras altas e os *maria*, do latim para "mares", precisamente o que os primeiros astrônomos pensavam que tais áreas fossem. Na verdade, os impactos provocados pelos meteoritos causaram atividade vulcânica, resultando em fluxo de lava até a superfície. As regiões escuras ocorrem porque o alto teor de ferro da rocha vulcânica reflete menos luz solar do que em outras áreas. Quando a *Apollo 11* pousou no Mar da Tranquilidade, em 1969, já sabíamos que não seria uma amerissagem. Se olharmos para a Lua cheia em uma noite clara (do hemisfério Norte) podemos avistar o Mar da Tranquilidade, com seus oitocentos quilômetros de largura, logo à esquerda do centro. O restante da superfície é chamado *terrae* (terra) e contém regiões montanhosas, algumas das quais estão cinco quilômetros acima da altitude média.

Recentemente foram encontradas evidências de depósitos de óxidos metálicos em algumas das grandes crateras. Acredita-se que os meteoritos tenham escavado o material. Se assim for, é provável que haja grandes concentrações de óxidos metálicos nas profundezas do subsolo. E acredita-se também que a Lua contenha reservas de silício, titânio, metais raros e alumínio. A humanidade está destinada a passar mais tempo lá, prospectando em busca desses metais, que são utilizados em tecnologias modernas vitais. Muitos países sentem-se impelidos a partir em busca dessas minas, sobretudo aqueles que não querem depender da China, que detém atualmente um terço das reservas mundiais conhecidas.

Existe também potencial para grandes quantidades de energia, suficientes para susterem a presença de comunidades humanas na Lua e para serem exportadas para a Terra. O potencial reside no hélio. O nome desse gás raro e nobre é derivado da palavra grega *helios*, que significa "sol" — porque foi lá que o gás foi detectado pela primeira vez. O isótopo hélio-4 representa mais de 99% do hélio natural encontrado na Terra. E trata-se de algo bastante útil. Enche balões de festas infantis, por exemplo, sem falar de airbags de carro, e desempenha um papel no resfriamento de peças de sistemas de captação de imagem por ressonância magnética. Mas não é o hélio-3, e isso é o que buscamos.

Teoricamente, o hélio-3 pode ser usado para criar fusão nuclear — seria o Santo Graal da produção de energia, pois produziria quantidades maiores de energia que a fissão nuclear, e seria energia limpa, já que o hélio-3 não é radioativo. Na Terra, apenas cerca de 0,0001% do hélio é hélio-3, e os preços podem chegar a 17 mil dólares por grama, mas na Lua pode haver 1 milhão de toneladas dessa substância. Isso ocorre porque nosso satélite carece de atmosfera e, portanto, durante bilhões de anos, ventos solares transportando hélio-3 saturaram a superfície lunar.

Ouyang Ziyuan, o ilustre cientista-chefe do Programa Lunar de Exploração chinês, declarou acreditar que, se a energia do hélio-3 pudesse ser aproveitada, "três missões de ônibus espaciais por ano poderiam trazer combustível suficiente para todos os seres humanos em todo o mundo", e também que haveria o bastante para "resolver a demanda energética da humanidade durante cerca de 10 mil anos". Isso é uma visão futurista, mas é também uma visão sobre a atual crise de energia e as alterações climáticas. Os cientistas ainda não conseguem fornecer números exatos sobre a quantidade de hélio-3 necessária para produzir uma quantidade X de energia, mas estimativas sugerem que uma tonelada pode equivaler a 50 milhões de barris de óleo cru.

Parece ótimo. O problema é que ainda não conseguimos realizar a fusão e, mesmo quando conseguirmos, talvez sejam necessárias 150 toneladas de solo coletado e rochas para extrair apenas um grama de hélio-3. Isso significa muita mineração e muita peneiração.

Os cientistas trabalham em reatores de fusão nuclear há quarenta anos, e existem protótipos básicos, mas, salvo algum avanço inesperado, a tecnologia necessária para alcançar tal objetivo provavelmente pertence à próxima década, não a esta. O mesmo pode ser dito em relação à tecnologia necessária para minerar na Lua, mas o processo já começou.

Existem objeções legais e morais à mineração na Lua. O consenso é que nenhuma nação pode ser proprietária de qualquer parte da Lua, mas, embora o ato de perfurar a superfície dela possa minar esse acordo, não necessariamente o rompe.

E quanto a destruir a Lua? Bem, considerando seu tamanho, mesmo dezenas de locais de mineração constituiriam apenas uma pequena fração da área da superfície, e seria impossível ver a diferença a partir da Terra a olho nu. Sem dúvida, também seria melhor "tomar" esse espaço minúsculo de território para obter os recursos necessários para a tecnologia verde na Terra do que tomar mais de nosso planeta natal. Algumas pessoas temem que cavar buracos na Lua e remover grandes pedaços dela possa ter consequências para nós na Terra. Mas não há motivo para preocupações. Suponha que retiremos uma tonelada de terra da Lua todos os dias. Agora, suponha que façamos isso por 220 milhões de anos. No fim, teremos removido apenas um por cento da massa da Lua. E isso não afetaria sua órbita em torno de nós ou nossas marés de forma alguma.

Além dos metais, acredita-se que haja também enormes depósitos de água na Lua. Cerca de 2700 quilômetros ao sul da linha do Equador lunar fica a bacia do polo Sul-Aitken, com 2500 quilômetros de largura e treze quilômetros de profundidade. No interior da bacia há montanhas imponentes, algumas das quais são banhadas pela luz solar por até 80% do tempo, devido à inclinação do eixo da Lua. No final do século XIX, teorizava-se que essas montanhas estariam permanentemente iluminadas e foram apelidadas de "Picos da Luz Eterna", mas atualmente parece que mesmo as mais elevadas às vezes escurecem. E há crateras perto delas tão profundas que a luz solar, brilhando em ângulo raso, jamais atinge os pontos mais baixos. Esses locais permanentemente sombreados são os mais frios observados no sistema solar. Índices tão baixos quanto –238°C foram registrados, mais frios que a temperatura na superfície de Plutão. Nas cavernas geladas há cristais de gelo, e no gelo há oxigênio e hidrogênio; com isso é possível produzir combustível para foguetes.

Se pudermos retirar o gelo que está abaixo da superfície e submetê-lo à eletricidade, ele se divide em oxigênio líquido e hidrogênio líquido. Claro, não é tão simples assim, mas essa é a ideia, e, dado que algumas estimativas apontam a existência de 600 milhões de quilos de água congelada nos polos lunares, pode ser uma ótima ideia. Lançar um foguete a partir da Lua requer apenas uma fração do combustível necessário para escapar da gravidade da Terra; portanto, uma vez instalada a infraestrutura operante, uma viagem Terra-Lua não precisaria transportar combustível suficiente para o percurso de volta — desde que haja estoque na "garagem orbital". O foguete gigante *Space Launch System* (SLS), da Nasa, foi projetado para queimar 3,5 milhões de litros de combustível para se deslocar da superfície da Terra até a órbita terrestre baixa, o que equivale a drenar 1,2 piscina olímpica em cerca de nove minutos. Essa é uma das razões pelas quais a Lua também será útil para lançamentos de missões de longa distância a partir de bases em sua superfície.

E a geografia além da Lua? O limite é o infinito, o que significa que não há limite. No futuro próximo, porém, espaçonaves tripuladas não precisarão de um mapa que se estenda além de Marte, e mesmo tal necessidade provavelmente não surgirá antes de 2030, no mínimo. Se levarmos em conta as vastas distâncias existentes no espaço, os planetas do nosso sistema estabeleceram-se relativamente próximos uns aos outros. Contudo, embora possamos atualmente transportar máquinas a todos, eles permanecem além da nossa capacidade de visitá-los. Júpiter situa-se, em média, a 778 milhões de quilômetros de nós, Saturno a 1,4 bilhão de quilômetros e Netuno a 4,4 bilhões de quilômetros. No entanto, com relação a Marte as coisas são diferentes. A primeira espaçonave a sobrevoar Marte foi a *Mariner 4*, da Nasa, que alcançou o planeta em 1965, seguindo-se várias outras missões de sobrevoo bem-sucedidas nos anos seguintes. Depois, em 1971, a *Mars 3*, da União Soviética, alcançou a órbita e lançou um módulo de pouso que transmitiu um breve sinal difuso da superfície do planeta por vinte segundos, sendo depois cortado e nunca mais ouvido. Cinco anos mais tarde, a *Viking 1*, da Nasa, chegou a Marte, pousando nas encostas ocidentais da "Planície Dourada", e começou a enviar as primeiras fotografias da superfície. Atualmente, Marte é um dos planetas mais bem mapeados do sistema solar e o único explorado por robôs espaciais.

As naves espaciais mais recentes podem chegar a Marte em cerca de sete meses, e uma viagem tripulada está no horizonte. O empresário e bilionário Elon Musk, CEO da SpaceX (nome completo: Space Exploration Technologies Group), afirma que pretende enviar seres humanos à superfície do planeta ainda nesta década, e que o tempo de viagem será de oitenta dias, ou menos. A tecnologia avança mais rapidamente do que nunca, mas tais prazos ainda parecem demasiadamente ambiciosos. O momento escolhido para lançamento será crucial. Conforme ocorre com todos os planetas, as distâncias mudam de acordo com o ciclo das órbitas. A distância média até Marte é 225 milhões de quilômetros, sendo que a mais próxima possível é cerca de 54,6 milhões de quilômetros e a mais distante é 400 milhões de quilômetros. Decerto, a missão será lançada no momento em que o Planeta Vermelho estiver mais próximo de nós. Isso significa que Marte está na nossa mira. E, a partir de Marte, a ideia é que a nave seja capaz de reabastecer e "passear por outros planetas", eventualmente alcançando os limites exteriores do nosso sistema solar. Contudo, ao longo das próximas décadas, pelo menos, isso ainda estará a cargo de robôs.

A Lua, no entanto, está ao nosso alcance, e as principais nações que viajam pelo espaço estão ansiosas para se estabelecerem lá o mais cedo possível. Sim, mineração e processamento na Lua serão extremamente difíceis; sim, fusão nuclear a partir do hélio-3 pode ser algo apenas teórico; e sim, prazos e orçamentos precisarão ser revistos, mas quem pode ficar parado e ver o rival chegar tão à frente que, se a teoria se tornar realidade, ele possa vencer o jogo? Na prática, hélio e água não são recursos renováveis; não podemos esperar bilhões de anos para que ondas de ventos solares substituam o que foi escavado e aquecido — o primeiro a chegar será o primeiro a servir-se. O modelo financeiro ainda é um contrassenso, mas não fomos até a Lua por questões de ganho financeiro. A conquista e a exploração do Novo Mundo moldaram os últimos quinhentos anos da história. O que está acima e além de nós tem esse tipo de potencial.

Os desafios serão enfrentados por diversas razões — prestígio, comercial e estratégico. Uma colonização bem-sucedida da Lua concederá a determinado país, ou a uma aliança de países, vantagens semelhantes às desfrutadas pelas potências marítimas em eras anteriores. Uma potência dominante será capaz de frustrar as ambições de outras, ocupando e vigiando o território. Satélites instalados pela potência colonizadora contarão com uma linha direta de visão até regiões geoestacionárias e a órbita terrestre baixa. Aqueles que abrirem o caminho definirão parâmetros que deverão ser seguidos pelos demais. Os primeiros a se estabelecer serão os primeiros a acessar a riqueza potencial da Lua e a capacidade de enviar parte dessa riqueza à Terra.

Se uma superpotência espacial chegar a dominar os pontos de saída da Terra e as rotas de saída da atmosfera, pode impedir que outras nações se envolvam em viagens espaciais. Se dominar a Lua, poderá ficar com as riquezas lunares e ser a única potência a se valer de tais riquezas para viajar mais longe. E se dominar a órbita terrestre baixa, pode comandar o cinturão de satélites e usá-lo para controlar o mundo.

Um dos principais teóricos da astropolítica no mundo é Everett Dolman, professor de estratégia da Escola de Comando da Força Aérea dos Estados Unidos e autor do profético *Astropolitik: Classical Geopolitics in the Space Age*. Dolman cunhou uma das máximas mais conhecidas nesse campo do saber: "Quem controla a órbita terrestre baixa controla o espaço próximo à Terra. Quem controla o espaço próximo à Terra domina a Terra. Quem domina a Terra determina o destino da humanidade".

Por isso, cresce a tentação de dominar regiões do espaço. As três principais potências encontram-se em plena competição, envolvidas em uma corrida armamentista para garantir que nenhuma das outras possa ditar ordens. E isso está fazendo com que outros países considerem as suas próprias opções militares. Nações como Japão, França e Reino Unido anunciaram seus próprios comandos espaciais militares.

Há nisso uma lógica fria e conhecida. Se um lado dispõe de flechas de longo alcance (ver Batalha de Azincourt para detalhes), o outro desenvolve escudos melhores enquanto aprimora o alcance de suas próprias flechas. Antigamente os comandantes não enviavam soldados à batalha sem meios para se defender ou para atacar o inimigo — e na época atual os satélites são parte crucial da guerra e parte vital dos sistemas de alerta utilizados por países para detectarem o lançamento de armas nucleares. Por conseguinte, a perda de tais satélites torna um país vulnerável; assim como ter acesso negado aos cinturões de órbita espacial torna a realidade bem mais difícil. Nenhum país que dependa de seus satélites para guerrear, ou para receber alertas de ataques, escolherá deixá-los indefesos, e tampouco renunciará à capacidade de atingir um satélite inimigo.

As "leis" de que dispomos atualmente para atividades no espaço são pouco melhores que diretrizes. A tecnologia e as cambiantes realidades geopolíticas as suplantaram. Devido ao número crescente de plataformas espaciais para usos militares e civis — mineração, projetos de energia solar, trabalho científico e turismo espacial —, o espaço está se tornando um ambiente congestionado no século XXI, exigindo leis e acordos do século XXI.

A ideia de que o espaço é um bem comum global está desaparecendo. Há muita coisa em jogo. Precisamos de um novo conjunto de regras e de melhor compreensão do espaço por elas governado. Existem 8 bilhões de razões para isso. Cada ser humano está em jogo, no que concerne à ordem espacial baseada em regras, bem como à cooperação global sobre questões cósmicas. Sem isso, podemos acabar brigando pela geografia do espaço, tal como fizemos pela geografia da Terra.

CAPÍTULO 4

Foras da lei

Vista da Lua, a política internacional parece muito mesquinha. Dá vontade de agarrar um político pelo colarinho, arrastá-lo por 400 mil quilômetros e dizer: "Olha aquilo, seu filho da puta".

EDGAR MITCHELL, astronauta da *Apollo 14*

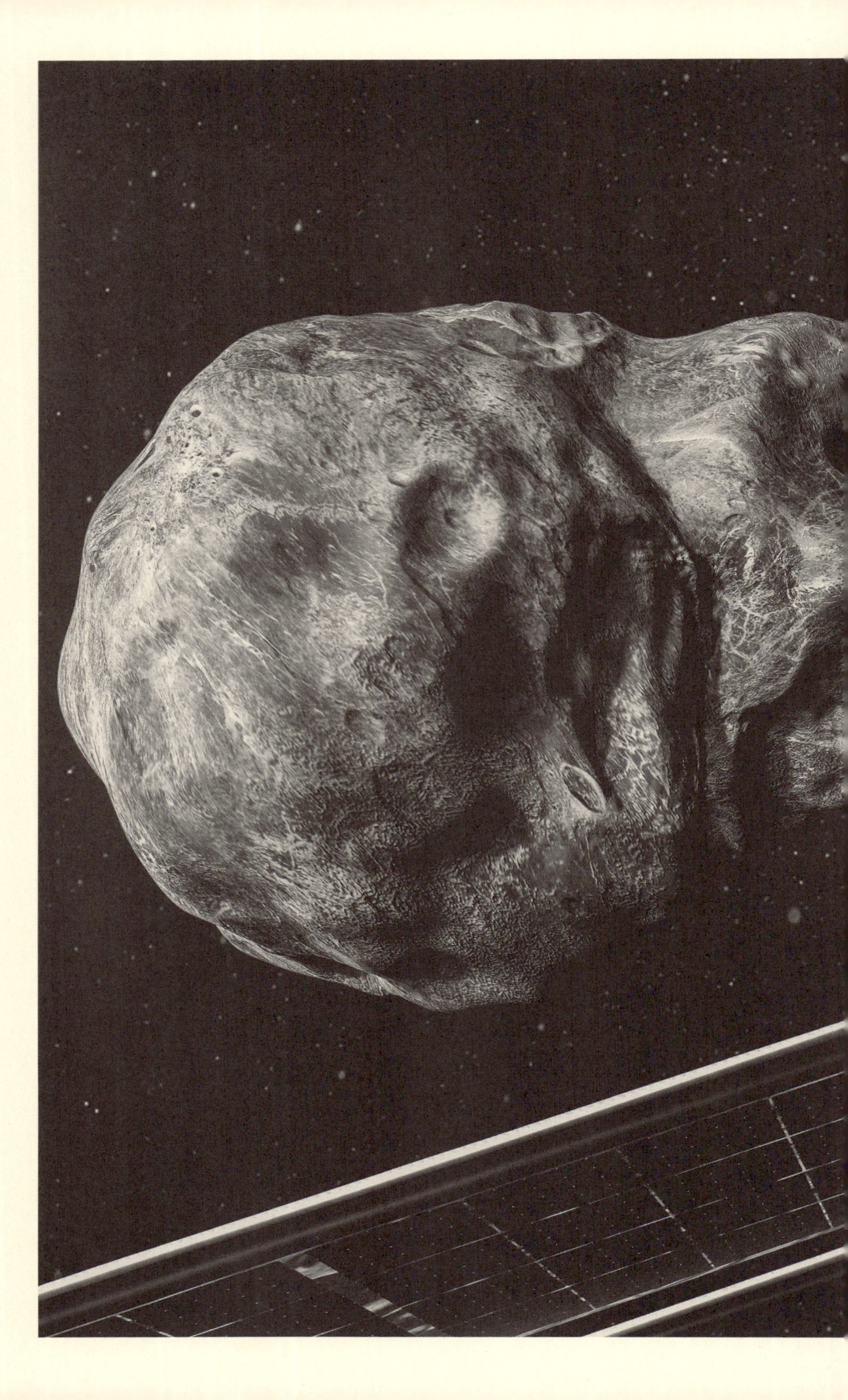

Ilustração representando o teste de redirecionamento duplo de asteroides da Nasa, tendo como alvo o asteroide Dimorphos, em setembro de 2022.

Entre o terceiro planeta e o sol existe uma região inóspita. A geografia é desafiadora e o ambiente é hostil, mas há também riquezas incalculáveis. A exemplo de tantas regiões que os seres humanos já encontraram com características semelhantes, trata-se de uma área praticamente sem lei. É o espaço, e requer leis espaciais.

Mas a tarefa não é fácil. Leis e acordos já são bastante difíceis na Terra, onde existem fronteiras e limites mais claros, assim como precedentes estabelecidos. Além do mais, no espaço não interessa às grandes potências abrir mão da sua vantagem.

As leis espaciais existentes estão completamente defasadas e são muito vagas para as condições atuais. A maior parte é fruto da Guerra Fria e resultou de negociações entre os protagonistas. Essas leis já não são adequadas. O Tratado do Espaço Sideral (1967), por exemplo, no qual se baseia a maioria das regras que regem o uso do espaço, estabelece que "o espaço sideral, incluindo a Lua e outros corpos celestes, não está sujeito à apropriação nacional por reivindicação de soberania, por meio de uso ou ocupação, ou por quaisquer outros meios", e que a exploração "deve ser realizada em benefício e no interesse de todos os países, independentemente do grau de desenvolvimento econômico ou científico, e será domínio de toda a humanidade". Se um país construir uma base na Lua e fixar áreas onde não é seguro para outras nações operarem, isso não constituiria ocupação e/ou soberania? Se um país explorar a Lua em busca de recursos para serem vendidos na Terra, isso é do interesse de toda a humanidade? O referido tratado também proíbe o posicionamento de armas de destruição em massa no espaço, mas não faz qualquer menção a armas convencionais. Além do mais, é um documento sem medidas coercitivas. O Acordo da Lua (1979) está igualmente desatualizado e conta com poucos signatários, o que o torna ineficaz — convém ressaltar que não foi ratificado pelos Estados Unidos, nem pela China, nem pela Rússia.

Esses tratados não abordam as mudanças na tecnologia disponível aos Estados-nação, e não refletem o fato de que dezenas de países de baixa e média renda que hoje participam do jogo contribuíram pouco para a elaboração das regras. Conforme diz o professor John Bew, consultor de política externa do governo britânico: "O espaço é uma das novas fronteiras da ordem internacional onde o equilíbrio de poder é contestado e as regras ainda não foram totalmente redigidas".

Em substituição a essas "relíquias", surgiu uma série de acordos ad hoc não vinculativos. Os Acordos Ártemis (2020) são o melhor exemplo. Pretendem estabelecer normas atualizadas para regular a atividade na Lua. Alguns trechos estão em harmonia com o Acordo da Lua: ambos promovem o Estado de direito a respeito da exploração, concordam em fornecer assistência a todos os astronautas e naves espaciais, independentemente da nacionalidade, e solicitam a ampla divulgação de dados científicos coletados na Lua.

No entanto, há uma diferença fundamental entre os dois, pois o Acordo da Lua promove um ordenamento jurídico multilateral e, na verdade, global para a Lua, enquanto os Acordos Ártemis são uma série de documentos bilaterais e o texto é predominantemente de autoria dos Estados Unidos, refletindo a abordagem norte-americana às leis espaciais. Algumas das "atualizações" colidem com filosofias e princípios estabelecidos nas disposições fundamentais do Acordo da Lua — por exemplo, os norte-americanos não abraçam a ideia de que as atividades lunares devam ser patrimônio comum e em benefício de toda a humanidade.

Assim, ao aderirem aos Acordos Ártemis, os Estados-membros efetivamente aceitaram a abordagem jurídica dos Estados Unidos à legislação lunar e — em um contexto mais amplo — à legislação espacial. Os primeiros signatários foram Austrália, Canadá, Japão, Luxemburgo, Itália, Reino Unido, Emirados Árabes Unidos e Estados Unidos; mais tarde, Romênia,

Ucrânia, Coreia do Sul, Nova Zelândia, Brasil, Polônia, México, Israel, Arábia Saudita, França e Singapura aderiram, entre outros. No entanto, mais de 160 países não o fizeram, e a China e a Rússia foram especificamente excluídas. O Congresso dos Estados Unidos proibiu a Nasa de cooperar com a China, e a Rússia foi posta de lado, depois de ser acusada de rastrear satélites espiões dos Estados Unidos de maneira perigosa.

Na mitologia grega, Ártemis era a deusa da Lua, irmã gêmea de Apolo. Os países signatários dos Acordos Ártemis não têm aspirações tão pretensiosas, mas certamente são ambiciosos. A missão é levar seres humanos até a Lua dentro de alguns anos e, na sequência, começar a construir estruturas permanentes lá, até o final desta década de 2020, para conseguir habitá-la no início dos anos 2030.

Os signatários dos Acordos Ártemis acreditam ter firmado a base legal para estabelecer uma presença na Lua e para levar a termo a prospecção de materiais de terras raras, água e hidrogênio. O texto afirma que extrair recursos não constitui inerentemente apropriação nacional — em outras palavras, o país que faz a mineração não é dono do território no qual opera. Na prática, porém, isso significa: "Primeiro a chegar, primeiro a se beneficiar". A China provavelmente chegará à Lua logo após os signatários dos Acordos. Se ficar constatada a existência de áreas limitadas onde a mineração é viável, os chineses vão esbarrar na competição — que a essa altura já terá estipulado suas reivindicações. As nações menos desenvolvidas também perderão em relação ao que o Tratado do Espaço Sideral afirma ser "domínio de toda a humanidade".

A seção 11 dos Acordos vislumbra um nobre objetivo: "Desconflito de Atividades Espaciais". Para que essa meta seja alcançada, quem estiver se estabelecendo na Lua deverá fornecer "notificação de suas atividades". Tais atividades deverão ocorrer em uma "zona de segurança", definida como a área em que as atividades de outra nação "poderiam razoavelmente causar interferência danosa".

A coisa fica pior, ou talvez melhor para quem é advogado especializado em leis espaciais sendo pago por hora. Aparentemente, as zonas de segurança alteram-se ao longo do tempo e, portanto, o "signatário operacional deve alterar as dimensões e o escopo da zona de segurança correspondente, conforme apropriado". Mas não devemos ter receio — os signatários levarão a público todas as informações relevantes disponíveis, "tão logo seja praticável e viável". Ufa! Isso é um alívio. Mas, como é mesmo? Ah, eles só farão isso "à medida que levarem em conta a devida proteção às informações atinentes a questões de propriedade e controle de exportação". Daria para a *Enterprise* passar pelas brechas desse "juridiquês", sobretudo porque a maioria dos países do mundo não é signatária. Mesmo que fossem, como definir "razoavelmente", "interferência" e "danosa"?

Então, vamos reescrever essa seção:

> Depois de reconhecerem solenemente, corroborarem e comprometerem-se com o princípio do livre acesso a todas as áreas dos corpos celestes, os Signatários afirmam seu direito de delimitar fronteiras que outros não poderão transpor, caso se tornem inconvenientes. Os Signatários definirão as fronteiras e reservarão para si o direito de alterá-las. Os Signatários comprometem-se com a transparência em tais questões, exceto quando optarem pelo contrário.

Pronto. Corrigido. Não é que o texto original esteja certo ou errado, mas contém mais buracos que a superfície da Lua.

Os defensores dos Acordos argumentam que, estando estabelecido que a Lua será usada apenas para fins pacíficos, as "zonas de segurança" não constituem um problema. No entanto, o que constitui "pacífico" tampouco está definido — e se a minha definição diferir da sua? Em 1959, em relação ao Tratado da Antártica, a Rússia definiu "pacífico" como "não militar". No entanto, os Estados Unidos interpretam o termo como significando "não agressivo", o que permite atividade militar, desde que não seja agressiva. Essas duas interpretações haverão de garantir os honorários de advogados especializados em legislação espacial ao longo dos próximos anos. Cláusulas do Tratado do Espaço Sideral já permitem que militares trabalhem no espaço com propósitos pacíficos. Depois que um país construir "bases na Lua", no entanto, se outro país não signatário dos Acordos

Ártemis adentrar a sua "zona de segurança", será fácil argumentar em favor da necessidade de armas defensivas — não para fins agressivos, claro, mas para garantir a paz. E uma vez que um país dispõe de armas defensivas, o outro também vai querer. Apenas para fins defensivos, claro...

Tampouco será um salto espacial gigantesco ir de "zona de segurança" a "esferas de influência", outra expressão cuja definição jurídica é nebulosa, mas que se refere essencialmente a uma área sobre a qual determinada nação reivindica alguma forma de exclusividade, seja econômica, cultural ou militar. Nossa obsessão terrena com essas esferas tem contribuído para o surgimento de conflitos ao longo do tempo; portanto, exportar isso para o espaço talvez não seja a melhor ideia.

E tem mais. No que diz respeito a empresas privadas trabalhando com Estados-nação, cada país signatário dos Acordos Ártemis "compromete-se a adotar as medidas necessárias para garantir que entidades que ajam em seu nome cumpram os princípios desses Acordos". No entanto, uma grande empresa dos Estados Unidos que opera na Lua invocou a Lei da Competitividade de Lançamento Comercial no Espaço, promulgada nos Estados Unidos em 2015, que permite aos cidadãos norte-americanos "possuir, transportar, usar e vender recursos" obtidos no espaço sideral. Dado que as leis de um país não se aplicam fora de suas fronteiras, outras nações teriam motivos para protestar, mas isso também pode se tornar complicado.

A seção 9 dos Acordos Ártemis introduz um novo conceito: preservar o legado do espaço sideral — mas não define o que pode ser tal legado, nem como garanti-lo. Isso cria o cenário para os Estados Unidos declararem unilateralmente o local do pouso da *Apollo 11*, as pegadas de Neil Armstrong e a bandeira norte-americana como de valor histórico e classificarem toda a área como zona de segurança norte-americana. As pegadas de Armstrong têm mesmo valor histórico, mas configurar o que pode se tornar "lei" de facto a partir de uma base unilateral já é outra questão.

É importante notar que mais países já assinaram os Acordos Ártemis do que o Acordo da Lua, que é frequentemente citado quando se discute legalidade. Se um número suficiente de países considerar que um acordo tem peso de direito internacional, à medida que os anos passam e práticas estabelecidas no texto tornam-se enraizadas, os países começam a tratar o acordo como se fosse lei. Se uma clara maioria de países ratificar um documento, é geralmente aceito que o texto se torne padrão jurídico global internacional. Um exemplo é a Convenção das Nações Unidas sobre o Direito do Mar (CNUDM), que estabeleceu um ordenamento jurídico para atividades no mar e o que são fronteiras marítimas. Originalmente apresentado em 1982, o documento entrou em vigor em 1994, quando atingiu sessenta signatários, e atualmente conta com 157. Vários países importantes, notadamente os Estados Unidos e a Turquia, não o assinaram, mas isso não impede que o documento seja considerado a "Constituição dos oceanos".

Assim como a CNUDM é hoje em dia citada em disputas marítimas, é razoável postular que na década de 2030 os países signatários dos Acordos Ártemis, cujos números hão de se tornar mais numerosos, citarão os Acordos em disputas com a Rússia ou a China sobre regiões da Lua. Mas, assim como a Turquia não aceita definições da CNUDM em relação a disputas que tem com a Grécia sobre reservas de petróleo e gás no Mediterrâneo, dificilmente Beijing e Moscou aderirão às definições dos Acordos Ártemis.

Em 2020, o então chefe da agência espacial russa (Roscosmos), Dmitry Rogozin, descreveu os Acordos Ártemis como algo semelhante a uma "invasão" da Lua capaz de transformá-la em "outro Afeganistão ou Iraque". No ano seguinte, a Rússia e a China assinaram seu próprio memorando de cooperação, com o propósito de construir um posto avançado na Lua, a ser denominado Estação Internacional de Pesquisa Lunar, e informaram que o projeto estava aberto à adesão de outros países.

É necessário, portanto, um novo conjunto de tratados para lidar com as novas realidades criadas pela tecnologia, e não apenas para impedir que "zonas de segurança" se transformem em zonas de guerra. O problema é que tratados requerem a adesão de todos os participantes. E, considerando que ainda não conseguimos sequer concordar se o espaço começa — e o território soberano de uma nação termina — oitenta ou cem quilômetros acima de nós, há um longo caminho a percorrer.

Já é bastante complicado navegar por todas essas questões entre as nações da Terra, mas há muitas outras questões que nossas leis espaciais desatualizadas precisam abordar. O que conta como atividade no espaço, por exemplo? Se um país se valer de um satélite espacial para controlar um drone na Terra, o qual dispara um míssil contra um alvo militar — isso viola o Tratado do Espaço Sideral?

Se o satélite utilizado for comercial, isso significa que todo o sistema de satélites da empresa pode passar a ser tratado como armamento? Em 2004, durante a Guerra do Iraque, 68% das munições disparadas pelos Estados Unidos foram guiadas por satélites, 80% dos quais eram comerciais. Teria o Iraque o direito de disparar contra aqueles satélites, se tivesse capacidade de fazê-lo?

Em 2022, uma nova dinâmica entrou na discussão. Durante os primeiros dias da invasão da Ucrânia pela Rússia, a cidade de Irpin perdeu a conexão com a internet, quando todas as suas 24 estações-base ficaram off-line, depois que a maioria delas foi atingida por mísseis. Dois dias mais tarde, a conexão foi restaurada. A empresa SpaceX, de Elon Musk, enviou à cidade terminais Starlink de alta velocidade para fazer conexão com os satélites Starlink avançados em órbita terrestre baixa. Foram então distribuídas por todo o país mais de 10 mil unidades da antena que os engenheiros da Starlink chamam de "Dishy McFlatfaces". A maioria foi usada por pessoas comuns, mas os militares ucranianos mantiveram-se em contato via rede, preservando assim capacidade de comando e controle, incluindo drones, que lhes enviavam informações relevantes.

Os russos tentaram bloquear o sinal entre os terminais e os satélites, mas a SpaceX descobriu rapidamente como evitar que isso ocorresse. Tudo isso foi percebido em Moscou e Washington. Dave Tremper, diretor de conflitos eletrônicos no Pentágono, afirmou que "precisamos ser capazes de ter esse grau de agilidade", enquanto Dmitry Rogozin, da Roscosmos, reclamou que o *Starlink* estava funcionando como um braço do Pentágono. Se isso fosse verdade, a Rússia poderia ter atacado legitimamente os satélites Starlink? Afinal, estariam sendo utilizados como parte de um processo para eliminar soldados russos. Caberia argumentar que a SpaceX era um "terceiro" ligado a um país que estava travando uma guerra indiretamente. Outro cenário atual realista: o que faria a China se o Partido Comunista estivesse enfrentando uma rebelião com potencial de ser bem-sucedida e o *Starlink* transmitisse links de internet que ultrapassassem o Grande Firewall chinês e permitissem que cidadãos se organizassem em nível nacional?

Planos estão sendo elaborados para lidar com situações como essa. Em 2019, a Otan adicionou — à terra, ao ar, ao mar e ao ciberespaço — o espaço como domínio operacional, e no ano seguinte decidiu estabelecer um centro espacial, inaugurado em Ramstein, na Alemanha, em 2021. O estafe provém de vários países da Otan, com a missão de coordenar os dados sobre navegação, clima e ameaças potenciais a qualquer integrante da organização, dados esses coletados por estados-membros que possuem comandos espaciais. Apesar da contribuição de franceses e britânicos, a aliança ainda depende fortemente dos Estados Unidos para reconhecimento e localização de alvos, assim como ocorre em solo, no que diz respeito à capacidade convencional de guerrear.

A cúpula da Otan, em 2021, inseriu uma declaração pouco notada, expandindo a cláusula de defesa mútua do artigo 5º, no intuito de incluir o espaço. A declaração foi cuidadosamente redigida: "Ataques ao espaço, provenientes do espaço, ou no espaço [...] podem ser tão prejudiciais às sociedades modernas quanto qualquer ataque convencional. Tais ataques podem levar à invocação do artigo 5º". Decisões seriam tomadas "caso a caso".

A linguagem cautelosa — "podem" e "caso a caso" — sugere que entramos em novo território. Isso não é um detalhe irrelevante. É fácil classificar o disparo de mísseis contra um país da Otan como ato de guerra, mas e o disparo de um raio laser que incinera um satélite comercial? O ato não ocorreria em território soberano e não haveria baixas humanas. Vale a pena declarar guerra? Será que a Espanha, por exemplo, pegará em armas porque um dos satélites de Elon Musk foi atingido enquanto sobrevoava o Quênia? Provavelmente não, e mesmo tal cenário é complexo. O artigo 6º define os territórios operacionais dos trinta Estados da Otan e discorre sobre ataques "dentro ou acima desses territórios". Isso sugere que um ataque a um objeto que orbita uma região desabitada do Pacífico não constitui necessariamente um gatilho para o artigo 5º, mas ainda não está claro se uma área situada a centenas de quilômetros no espaço conta como "acima" de território soberano.

Daí a abordagem "caso a caso", que permite à Otan uma posição de ambiguidade estratégica sobre o que fazer, em vez de obrigá-la a desencadear uma resposta militar. No entanto, quaisquer que sejam as definições, é improvável que restrições geográficas sejam aplicadas no caso de um satélite de alerta dos Estados Unidos ser derrubado.

O alarme provocado quando um balão de vigilância chinês sobrevoou os Estados Unidos, no início de 2023, também levanta questões para as quais ainda não há respostas. Os satélites norte-americanos rastrearam o balão desde o momento em que ele decolou da ilha de Hainan, partindo na direção de Guam. Os militares de alto escalão do Comando do Norte dos Estados Unidos foram informados de que ele estava se aproximando do Alasca em 27 de janeiro e o acompanharam de perto nos dias seguintes. Em 4 de fevereiro, um caça F-22 disparou um míssil Sidewinder que abateu o balão na costa da Carolina do Sul. O piloto informou pelo rádio: "Alvo atingido! [...] O balão está completamente destruído".

Durante seu percurso, o balão sobrevoara a Base Aérea de Malmstrom, em Montana, onde há silos de mísseis nucleares. O equipamento do balão incluía câmeras de alta resolução e aparelhos altamente tecnológicos que permitiam a captura de dados eletrônicos e comunicações de voz, inclusive de telefones celulares. Acredita-se que ele também tinha a capacidade de transmitir informações para os satélites espiões da China, que poderiam enviá-las para Beijing, ajudando a desenhar um panorama geral do funcionamento dos sistemas de radares e armas dos Estados Unidos.

Abater o balão não foi um ato de guerra. Ele claramente violara o espaço aéreo soberano dos Estados Unidos, embora a China tenha alegado "força maior", argumentando que um ato da natureza o levara para o território norte-americano. Mas suponhamos que a inteligência dos Estados Unidos tivesse tomado conhecimento em tempo real de que o balão havia coletado informações ultrassecretas, fundamentais para a segurança do país, e as estava enviando para um satélite. É possível que, nesse caso, a ordem fosse debilitar o satélite de alguma forma — queimar sua parte elétrica em uma tentativa de conter a violação de segurança, por exemplo — ou, em caso extremo, até mesmo derrubá-lo. Esses são cenários em que as autoridades de segurança agora precisam pensar, dando opções aos seus superiores.

A PRESENÇA DE EMPRESAS corporativas e privadas no espaço também suscita toda sorte de questões não relacionadas à atividade militar. Quais leis terrestres seriam aplicadas aos seus empreendimentos — e como seriam aplicadas? Vamos imaginar que um magnata do espaço, chamado Frankenstein, construa um ser humano artificial, a partir de tecido vivo, a bordo da Estação Espacial Shelley. Acordos internacionais firmados entre países da Terra podem ter proibido a criação de tal humano, mas Frankenstein, o magnata do espaço, não é um país e a Estação Espacial Shelley não está na Terra — quem haverá de detê-lo e como?

Estranho? Sim, mas plausível. Cientistas a bordo da Estação Espacial Internacional já criaram tecido vivo usando uma impressora 3D e biotinta, enquanto trabalhavam na Unidade de Biofabricação. Trabalho semelhante acontece na Terra, mas aqui a quantidade de tecido que pode ser construída é limitada porque a gravidade danifica o delicado material. No espaço, os cientistas podem imprimir uma espécie de base de tecido, e depois desenvolvê-la. Estão a caminho da impressão de órgãos humanos. Dada a escassez de doadores de órgãos na Terra, essas descobertas científicas podem ser benéficas para a humanidade; no entanto, o ordenamento jurídico que rege tais projetos no espaço é vago.

A bordo da ISS geralmente o entendimento é que prevalece a legislação nacional do país de origem do cientista. Por exemplo, uma invenção feita no Módulo de Experiências Japonês (JEM, na sigla em inglês) é aceita como tendo ocorrido no Japão. Mas isso se deve a um acordo assinado pelos países participantes.

Vejamos um cenário mais macabro... Na situação improvável de um astronauta japonês assassinar um colega japonês no módulo japonês, a lei é clara. O Tratado do Espaço Sideral estabelece que a jurisdição legal pertence ao país que registrou o objeto lançado ao espaço. Isso é semelhante às leis sobre o registro de navios e aeronaves. Mas a situação ficaria complicada se um assassinato envolvesse dois indivíduos de países diferentes e ocorresse em um corredor de ligação — e mais obscura ainda se acontecesse fora da ISS, durante uma caminhada no espaço.

E quanto a um assassinato que ocorresse no *Expresso Orbital* a caminho do SpaceTel — um hotel de 1 milhão de estrelas, com duzentos quartos, orbitando a Lua? Ou mesmo no interior do hotel. E seria ainda mais complicado se o SpaceTel fosse propriedade de uma empresa privada indiana sediada nas ilhas Seychelles, com peças fabricadas no Japão, transportadas por foguetes lançados no Cazaquistão, nos Estados Unidos e na China. Boa sorte com esse caso, inspetor espacial Poirot.

Atualmente, não há respostas fáceis para nada disso, mas vale a pena observar que o Canadá já tomou medidas para alterar sua legislação, permitindo que o Código Penal se estenda à superfície da Lua.

Os únicos casos legais até o momento são mais prosaicos e mais fáceis de resolver do que as hipóteses acima. Em 2019, a astronauta da Nasa Anne McClain foi acusada de acessar a conta bancária da ex-esposa enquanto vivia na Estação Espacial Internacional. A Nasa investigou e descobriu que as acusações eram infundadas; a ex-esposa de McClain foi posteriormente acusada de fazer declarações falsas às autoridades federais. Em um caso menos grave, Jack Swigert, astronauta da *Apollo 13*, esqueceu de entregar sua declaração de renda e lembrou-se do lapso quando estava no espaço. "Houston", disse ele, "eu tenho um problema." Houston riu, e Swigert foi agraciado com uma prorrogação, por parte da Receita Federal, sob a alegação de que ele estava "fora do país".

E se os seres humanos se estabelecerem em um planeta totalmente novo, que legislação deverá prevalecer? Seria o tal planeta regulamentado a partir da Terra? É provável que as colônias queiram livrar-se dos grilhões do "Planeta Mãe" e desenvolver seus próprios sistemas de autorregulação.

Quanto mais longe se for, mais difícil será fazer com que as leis terrestres sejam cumpridas. Como vimos, a SpaceX pretende levar seres humanos a Marte. Uma das diversas atuações da empresa de Elon Musk diz respeito ao fornecimento de banda larga via Starlink. E a Starlink tem seus termos de serviço, que incluem o seguinte parágrafo:

> Para serviços prestados em Marte ou em trânsito para Marte via *Starship* ou outra espaçonave, as partes reconhecem que Marte é um planeta livre e que nenhum governo baseado na Terra tem autoridade ou soberania sobre atividades marcianas. Por conseguinte, disputas serão resolvidas por princípios de autorregulação, estabelecidos de boa-fé, na época da colonização marciana.

Princípios de autorregulação? Quem estará no comando dessa regulação e seus princípios? Já ouço um muskito zunindo.

Bleddyn Bowen, acadêmico britânico e especialista em questões espaciais, não faz rodeios em sua resposta às letras miúdas:

> A meu ver, a Starlink não tem o direito legal de colocar isso em seus termos de serviço porque a ONU detém autoridade em Marte. A segunda parte, sobre princípios de autorregulação e boa-fé, é por demais ingênua politicamente e demonstra a típica ignorância em relação à política por parte das comunidades técnico-científicas, fato que, infelizmente, vejo ocorrer com grande frequência.

O artigo 2º do Tratado do Espaço Sideral determina: "O espaço, incluindo a Lua e outros corpos celestes, não está sujeito à apropriação nacional". Já o artigo 3º afirma que os países só podem operar no espaço "de acordo com o direito internacional". Em resposta ao argumento de que o sr. Musk não é um país e, portanto, não está sujeito a tais regras, seria possível argumentar que o tratado também diz que os países "têm responsabilidade internacional pelas atividades nacionais realizadas no espaço sideral" — e o argumento será válido. Mas, quando a SpaceX tiver feito lançamentos de Honduras, ativado seus advogados com ganhos estratosféricos e mudado a sede da empresa dos Estados Unidos para o Panamá, o sr. Musk já será o xerife do condado de Marte. Como os ultrarricos pretendem governar suas "colônias" ainda é uma incógnita.

Conforme diz o dr. Bowen: "Será que os bilionários administrarão suas 'colônias' como administram suas fábricas e tratarão cidadãos como tratam seus funcionários de baixa renda?". Também o incomoda o termo "colônias": "Será que queremos usar uma palavra associada a genocídio, exploração corporativa, catástrofe ecológica, escravidão e racismo para descrever um 'futuro melhor' no cosmos?".

Mesmo que adequados, embora por vezes vagos, tratados multilaterais, códigos de conduta e medidas de construção de confiança não evoluíram a ponto de acompanharem o surgimento de empresas privadas, tais como SpaceX, Virgin Galactic e Blue Origin, e as menos conhecidas i-Space, na China, e Arsenal, na Rússia.

Se uma pessoa, jurídica ou física, for realmente capaz de estabelecer um assentamento em outro planeta, os "governantes" dessas novas "colônias" extraterrestres necessitarão de supervisão quanto aos limites da sua autoridade. Há vários livros de ficção científica com esse enredo no centro de suas tramas, mas no mundo real, se quisermos evitar uma versão cósmica da Companhia das Índias Orientais, com seu exército privado e ocupação de partes da Índia, precisamos de leis adequadas.

HÁ OUTRAS QUESTÕES MAIS PREMENTES que também exigem colaboração internacional. Um grande problema são os detritos espaciais. Everett Dolman afirma que é necessário um novo conjunto de tratados para lidar com essa questão como prioridade: "Os detritos são o problema número um hoje em dia. Todos os Estados envolvidos em viagens espaciais defendem publicamente a mitigação e até mesmo a redução de detritos. O problema é que as propostas sempre favorecem claramente os interesses de uma das partes".

A Nasa estima que existam em órbita da Terra mais de 27 mil fragmentos de detritos com mais de dez centímetros de diâmetro e outros 500 mil cujo tamanho varia entre um e dez centímetros (uma bola de tênis tem cerca de sete centímetros), além de, no total, cerca de 100 milhões maiores que um milímetro. A maior parte dos detritos pode ser pequena, mas viaja a 25 mil quilômetros por hora, o que seria preocupante para alguém que sofresse o impacto causado por um desses fragmentos. Um fragmento de um centímetro viajando nessa velocidade pode criar tanta energia quanto um carro pequeno colidindo com uma pessoa, ou com uma nave espacial, a quarenta quilômetros por hora.

A grande quantidade de satélites orbitando a Terra significa que esse problema só vai piorar. A SpaceX pretende lançar 40 mil satélites para seu serviço de banda larga Starlink; uma nova start-up chamada Astra apresentou uma solicitação para 13 600 satélites; e a Amazon quer 3200. E isso é apenas no contexto norte-americano. Especialistas acreditam que pode haver, no mínimo, 50 mil satélites em órbita até 2050 — mas esse número pode chegar a 250 mil até lá.

Mais satélites implicam inevitavelmente mais detritos. Quanto mais detritos, maior o risco da síndrome de Kessler: o cenário é que o montante de lixo em órbita chegue a um ponto em que as colisões se tornem frequentes, o que leva a uma catastrófica reação em cadeia, provocando uma nuvem de detritos que esmaga o telescópio espacial *Hubble* e atinge um ônibus espacial em viagem, antes de se dirigir à ISS. Você talvez se recorde que isso faz parte da história do filme de ficção científica *Gravidade*, de 2013, mas o enredo veio de um ex-cientista da Nasa, Donald Kessler, que expôs a ideia em um trabalho de 1978. Na versão de Kessler, a reação em cadeia prossegue até que todos os satélites são destruídos e o anel de detritos presentes na órbita terrestre baixa impossibilita que naves espaciais decolem do nosso planeta.

A síndrome de Kessler é uma projeção, mas a presente ameaça representada por detritos não é algo hipotético. Em diversas ocasiões, a ISS teve que disparar propulsores para evitar ser atingida por destroços e manter a altitude orbital. Já aconteceu também de naves espaciais colidirem em órbita. O incidente mais conhecido ocorreu em 2009, quando um satélite inativo de comunicações russo, *Cosmos 2251*, atingiu um satélite Iridium ativo, dos Estados Unidos, oitocentos quilômetros acima da Sibéria. Cerca de 2 mil fragmentos de destroços medindo pelo menos dez centímetros cada foram acrescentados aos detritos que circundam a Terra.

Esforços para se chegar a um acordo visando à redução de detritos estão em curso, mas existem inúmeros fatores que complicam a situação. Um dos principais é que a criação de detritos não é meramente acidental. Um satélite é um alvo tentador, por uma série de razões, e existem várias armas antissatélite (na sigla em inglês, Asat) projetadas para atingir objetos em alta velocidade, milhares de quilômetros acima da superfície da Terra. Os Estados Unidos testaram pela primeira vez armas antissatélite em 1959. O programa foi continuado pelo presidente Kennedy e por presidentes subsequentes, culminando, no governo de Ronald Reagan, com o plano intitulado Iniciativa Estratégica de Defesa, conhecido como "Guerra nas Estrelas". É certo que os soviéticos desenvolviam programas semelhantes. Chegaram até a instalar uma arma de múltiplos disparos, para fins de "autodefesa", a bordo de uma de suas estações espaciais Salyut e, em 1975, testaram o disparo de projéteis na atmosfera. Pode não ter sido o "Raio da Morte" dos filmes de ficção científica, mas foi certamente o primeiro disparo no espaço. A arma apresentou limitações. Para apontá-la, a estação inteira, pesando vinte toneladas, precisava virar em direção ao alvo e, em seguida, acionar seus propulsores ao mesmo tempo que a arma era disparada, para evitar um ricochete que despachasse a nave para o desconhecido. Também era recomendado não disparar transversalmente à própria órbita, caso em que a espaçonave atiraria contra as próprias costas. O único teste de disparo que se sabe ter sido efetuado ocorreu remotamente, depois que os cosmonautas haviam partido.

A situação mudou bastante desde então. Há agora toda uma gama de armas de precisão capazes de derrubar satélites — que podem ser acionadas da Terra ou do espaço. Elas incluem mísseis balísticos, lasers disparados da Terra até a órbita geoestacionária, micro-ondas de alta potência e ataques cibernéticos. Existe até a possibilidade de pulverizar produtos químicos nas câmeras de um satélite, para "cegá-las", enquanto os braços hidráulicos utilizados em satélites que fazem a "limpeza do espaço", e que são projetados para capturar detritos, podem ser facilmente transformados em armas hostis, usadas para desviar outro satélite de sua órbita.

Em 2007, a China empregou uma arma antissatélite lançada do solo para destruir, 863 quilômetros acima da superfície da Terra, um dos seus próprios satélites meteorológicos que se tornara inoperante, no que pareceu ser um teste para verificar a possibilidade de fazer o mesmo contra um satélite inimigo, ou uma nave espacial. Um míssil balístico transportando um "veículo de morte cinética" (na sigla em inglês, KKV) foi disparado do Centro de Lançamento Espacial de Xichang, na província de Sichuan. Os KKVs são às vezes chamados de "foguetes inteligentes", porque não têm ogivas que explodem: simplesmente chocam-se contra alvos, em ataques do tipo "atirar para matar".

A ciência da destruição é a parte relativamente fácil. O impacto causado pelo veículo que ataca precisa criar um nível de energia cinética superior à energia coesiva do alvo e, assim, explodi-lo. A parte difícil é realizar a colisão na velocidade necessária e, claro, acertar o alvo. O veículo de ataque não está em órbita. Viaja através do espaço em um arco balístico, a vários quilômetros por segundo, enquanto seu sistema de controle rastreia a velocidade e a direção do alvo em órbita, que se desloca ainda mais rapidamente. Mesmo o menor desvio na trajetória do veículo, ou o menor equívoco no cálculo da velocidade e direção do alvo, resultam no não atingimento do alvo. Se o alvo for atingido, o efeito é devastador.

Acredita-se que o KKV utilizado no teste de 2007 pesava cerca de seiscentos quilos e colidiu com o satélite a uma velocidade relativa combinada de 32 mil quilômetros por hora. A tal velocidade, objetos sólidos se comportam como líquidos, e as duas máquinas, efetivamente, passaram uma através da outra, criando uma nuvem de poeira que continha milhares de partículas de metal. Outras nações que empreendem voos espaciais não apreciaram o fato de que os detritos resultantes, somando uma quantidade superior a 35 mil pedaços com mais de um centímetro de diâmetro, entraram na órbita terrestre baixa, e muitos ainda estão lá. Mais destroços foram criados nesse teste do que em todos os incidentes anteriores na história das viagens espaciais.

As lições não foram aprendidas. Em 2021, a Rússia testou uma Asat de "ascensão direta do tipo atirar para matar" para destruir um de seus próprios satélites. Outros países fizeram o mesmo, mas a maneira como Moscou levou a cabo a missão foi bastante imprudente. O satélite foi explodido em mais de 1500 partículas de metal, que imediatamente começaram a girar em torno do mundo — na mesma órbita da ISS. As sete pessoas a bordo (quatro norte-americanos, dois russos e um alemão) receberam ordens para embarcar em suas cápsulas acopladas e lá permanecerem durante duas horas, a fim de possibilitar uma eventual fuga rápida, o que, por fim, não foi necessário.

O Comando Espacial dos Estados Unidos emitiu a seguinte declaração: "A Rússia demonstrou um desrespeito deliberado pela segurança, pela proteção, pela estabilidade e pela sustentabilidade a longo prazo do domínio espacial para todas as nações". Diversos países, incluindo Japão, Coreia do Sul e Austrália, concordaram. A Rússia não. O ministro da Defesa, Sergei Shoigu, disse que se tratava de um procedimento de rotina que permitia melhor proteção russa contra a agressão norte-americana, e que não houve perigo para a ISS.

As Asats não são a única maneira de derrubar satélites. Todos os atores em cena continuarão a desenvolver sua capacidade de guerra eletrônica — há quem trabalhe para invadir e assumir o controle de sistemas de satélites, negando acesso aos proprietários ou simplesmente bloqueando equipamentos. No entanto, é improvável que os participantes se limitem à guerra eletrônica, considerando os temores de que rivais seguirão desenvolvendo armas "cinéticas", levando à produção de mais detritos. Para combater isso, faz-se necessário um tratado abrangente que proíba as Asats. Mas mesmo que isso pareça factível, é difícil. Os detalhes são infernais. Não se pode simplesmente escrever: "Concordamos em proibir as Asats". Assim como ocorre em relação aos dispositivos baseados no solo, o texto precisa definir e esclarecer a legitimidade ou não de armas de energia dirigida, de micro-ondas de alta potência, de capacidade cibernética, de mecanismos robóticos e até de pulverizadores químicos. Talvez seja necessário também envolver empresas comerciais.

Em 2014, foi feita uma tentativa de proibir as Asats. Rússia e China demonstraram interesse no esboço de um texto que foi bastante revisado, porque a proibição se restringia às Asats posicionadas no espaço, mas permitia o desenvolvimento e armazenamento de armas no solo. Os Estados Unidos se opuseram ao texto por essas razões, e houve pouco progresso a partir daquele momento. No entanto, em 2022, os Estados Unidos tomaram a iniciativa e tornaram-se o primeiro país a anunciar uma moratória voluntária em relação a "testes destrutivos de mísseis antissatélite de ascensão direta". A vice-presidente Kamala Harris descreveu os testes como "irresponsáveis" e afirmou que eles "colocam em risco muito do que realizamos no espaço". Contudo, a palavra "destrutivos" concede aos Estados Unidos a possibilidade de realizar testes computacionais e lançamento de mísseis que não atinjam alvos.

No futuro imediato, parece que iremos apenas aumentar o problema dos detritos espaciais, e precisamos encontrar meios de gerir a questão.

A natureza já faz uma parte do trabalho de eliminação desses detritos por nós. A gravidade da Terra puxa o lixo para órbitas mais baixas, e, se algum estiver orbitando a uma altitude inferior a seiscentos quilômetros, normalmente cai na atmosfera dentro de poucos anos. Várias centenas de resíduos fazem essa rota todo ano, e a maior parte dos menores simplesmente entra em combustão.

Mesmo os detritos maiores, que vêm do vácuo do espaço a milhares de quilômetros por hora, normalmente são despedaçados conforme aquecem por conta do atrito gerado ao entrar na atmosfera. Alguns satélites são projetados para se quebrarem facilmente na reentrada (em um processo chamado "*design for demise*" [projeto para perecimento]. A maioria se desintegra setenta ou oitenta quilômetros acima do solo, tendo seus pedaços destruídos.

Os objetos podem atingir temperaturas de até 1650°C, embora o calor varie de acordo com o tamanho, a forma, a composição e o ângulo de entrada. Enquanto as naves espaciais são projetadas para serem aerodinâmicas e reentrarem em um ângulo específico que provoque o mínimo de atrito, os resíduos espaciais podem ter qualquer forma, tamanho e trajetória. Os que permanecem intactos geralmente são aqueles que, por acaso, têm formato aerodinâmico e entraram em um ângulo menos destrutivo. Em geral, são metais com ponto de fusão alto, como o titânio, cujo ponto de fusão é 1668°C e por isso consegue passar nas condições certas.

Como o nosso planeta é composto principalmente de água, geralmente é nela que caem os objetos que resistem. Há exemplos muito raros de carros e casas atingidos por meteoritos ou detritos espaciais em queda, mas apenas um caso documentado de um indivíduo afetado — em janeiro de 1997, uma mulher chamada Lottie Williams sentiu um impacto no ombro por conta de um leve pedaço de material metálico trançado que, mais tarde, descobriu-se ser de um foguete *Delta II* que havia reentrado na atmosfera na noite anterior.

No entanto, o maior perigo não está no fato de os detritos atingirem a Terra, mas em seus efeitos no espaço, considerando que muitos não cairão tão cedo.

Então, será que podemos remover destroços do firmamento simplesmente disparando contra eles? Um empecilho é que qualquer máquina destinada a lidar com detritos espaciais pode ter duplo propósito. No futuro próximo, quem disparar energia dirigida — para dispersar fragmentos de detritos ou para empurrar pedaços maiores até a atmosfera, onde entrariam em combustão — também poderia utilizar tais armas para atacar espaçonaves ou satélites. Detritos maiores, tais como satélites inoperantes, podem ser removidos por naves espaciais, mas, novamente, governos receiam que tais naves possam ser empregadas como cobertura para posicionamento de forças hostis.

Existem outras maneiras de mitigar os problemas com os detritos do espaço. Poderíamos introduzir um sistema de conscientização da situação espacial acordado globalmente que catalogasse todos os satélites, tivesse conhecimento de suas capacidades direcionais e os rastreasse. Todos os satélites poderiam ter pequenos foguetes de propulsão, permitindo-lhes manobrar para evitar colisão e para sair de órbita tão logo sua vida operacional chegasse ao fim. Empresas privadas já estão trabalhando para firmar contratos lucrativos visando construir naves espaciais capazes de capturar peças metálicas de grande porte, valendo-se de redes e arpões. Mas será viável uma empresa japonesa de coleta de lixo espacial vencer uma concorrência nos Estados Unidos para remover detritos chineses, incluindo satélites inoperantes, a fim de abrir caminho para um projeto norte-americano?

O professor Dolman elenca a quantidade de problemas a serem enfrentados por aqueles que tentarem desenvolver tais medidas de segurança:

> O sistema de conscientização precisaria operar a partir de sensores no espaço. Quem teria o privilégio de ver os dados brutos? Para quais outros propósitos o sistema poderia ser utilizado? Quais seriam os potenciais benefícios militares? A segunda questão importante é quem supervisionaria o cumprimento das conformidades? Que responsabilidades o supervisor acumularia? Quem paga? De quem seria a espaçonave utilizada? Quem conseguiria os contratos lucrativos para construí-la, operá-la e mantê-la?

Quaisquer planos e regulamentos relativos a satélites são inseparáveis de questões militares e de segurança nacional.

Pode parecer sensato estabelecer "zonas seguras" para satélites nas quais máquinas de outros países não possam operar, mas isso entra em conflito com o conceito para as rotas marítimas da Terra, nos termos da CNUDM. Isso também complicaria acordos futuros para permitir que um Estado inspecione satélites de outro, no intuito de garantir que não tivessem dupla utilização (capacidade civil e militar).

No futuro próximo, portanto, detritos espaciais continuarão a representar um perigo para redes cruciais de satélites e estações espaciais, e para a vida humana.

EXISTEM INÚMERAS OUTRAS ÁREAS em que faltam acordos. Por exemplo, uma grande explosão solar atingindo a Terra é algo inteiramente plausível, e na era da internet tal incidente causaria um enorme efeito imediato que destruiria a economia mundial. Satélites em órbita terrestre baixa, assim como dispositivos de comunicação na Terra, seriam destruídos — seria o "Apocalipse da Internet", causando apagões, tumulto e interrupção na cadeia de abastecimento.

Uma versão em pequena escala disso aconteceu há relativamente pouco tempo. Em março de 1989, astrônomos notaram uma enorme explosão no Sol. Em questão de minutos, uma nuvem de gás pesando 1 bilhão de toneladas estava se dirigindo para a Terra à velocidade de mais de 1 milhão de quilômetros por hora. Dois dias depois, a nuvem de partículas carregadas de eletricidade atingiu nosso campo magnético, criando correntes elétricas na América do Norte. Às 2h44 do dia seguinte, uma delas encontrou um ponto fraco na rede elétrica de Quebec, e dois minutos depois todas as luzes na província se apagaram. O mesmo ocorreu com todos os computadores, geladeiras, fornos, elevadores, sinais de trânsito e tudo o mais que depende de eletricidade. No espaço, vários satélites foram atingidos e ficaram fora de controle. Passaram-se doze horas até que a energia voltasse.

Visto que nossas infraestruturas básicas dependem de satélites, assim como nosso comércio e nossas Forças Armadas, o que os Estados-nação estão fazendo coletivamente para protegê-las? Sangeetha Abdu Jyothi, especialista em ciência da computação filiada à Universidade da Califórnia, em Irvine, tem a resposta:

> Até onde eu sei, não existem acordos nem planos globais para lidar com uma tempestade solar de grande escala. Um estudo recente estima que a perda econômica durante um evento catastrófico, só nos Estados Unidos, será de 40 bilhões de dólares por dia. Uma tempestade solar também afetará todas as esferas da vida. Apesar disso, carecemos de um plano de preparação para os piores eventos solares.

Do lado positivo, ela diz que um esforço extenso está sendo empreendido no setor de redes elétricas para avaliar o grau de danos potenciais, e que, como algumas regiões correm mais risco, estudos estão sendo conduzidos para ver se países com baixo risco poderiam rapidamente lançar novos satélites para restabelecer a conectividade.

O mesmo vale para o perigo de a Terra estar "no lugar errado no momento errado" e ser atingida por um asteroide com mais de um quilômetro de largura. Conforme observa o cientista norte-americano Bill Nye, dependendo do tamanho, isso seria "fim de jogo, 'ctrl-alt-del' para a civilização".

Não dispomos de um plano internacional para o que fazer no caso improvável de o filme *Não olhe para cima* se tornar realidade. Mas nem tudo é negativo. A Nasa, junto a colegas internacionais, desenvolveu o Teste de Redirecionamento de Asteroide Duplo (em inglês, Dart), com o objetivo de verificar se objetos grandes que estão em rota de colisão com a Terra podem ser atingidos por um míssil e desviados.

O primeiro teste foi lançado em novembro de 2021 acoplado a um foguete *Falcon 9*, da SpaceX. A espaçonave *Dart*, do tamanho aproximado de um congelador de geladeira grande, levou dez meses para chegar a um asteroide próximo à Terra chamado Dimorphos, que mede 160 metros de largura e orbita um asteroide maior chamado Didymos. A nave atingiu Dimorphos em cheio, à velocidade de 23760 quilômetros por hora, alterando ligeiramente o curso e encurtando sua órbita de doze horas ao redor de Didymos em 32 minutos. Foi um divisor de águas, a primeira vez que seres humanos alteraram a órbita de um objeto planetário — e, ao custo de 325 milhões de dólares, foi um dinheiro bem gasto.

Enfrentar tais problemas seria mais fácil se existissem leis para incentivar a cooperação entre as principais nações que empreendem viagens espaciais, particularmente os Estados Unidos e a China. Esperar que as duas maiores potências mundiais deixem de lado suas diferenças é ingênuo, mas, se puderem aceitá-las e enxergar além das suspeitas mútuas, ambas se beneficiarão enormemente com a troca de conhecimentos científicos, assim como o restante do planeta. A China está avançando com planos para desenvolver um sistema de desvio de asteroides, no intuito de ajudar a proteger a Terra de qualquer pedaço gigante de rocha vindo em nossa direção.

A tecnologia para detectar objetos que se aproximam se desenvolveu ao ponto de nos capacitar a identificá-los com mais de 25 anos de antecedência. Existe um meteorito chamado Apophis, tão grande quanto o Empire

State Building, que foi avistado pela primeira vez em 2004 e rapidamente identificado como tendo uma chance de 2,7% de nos atingir em 2029. Felizmente, a trajetória foi mais tarde reavaliada como tendo 100% de chance de não nos atingir, pois passará a 37 mil quilômetros da Terra. Mas isso ainda é perto. E ocorrerá em 2029, no dia 13 de abril, se você quiser marcar na agenda. Durante algum tempo, pensou-se que o Apophis ainda poderia nos atingir quando voltasse a se aproximar em 2068, mas felizmente uma pesquisa atualizada de 2021 mostrou que isso não vai acontecer.

Além dos receios relacionados à segurança que impedem acordos nessas áreas, há também a questão dos orçamentos governamentais, sobretudo nas democracias em que tais dispositivos estão abertos ao escrutínio. O problema é o que Everett Dolman chama de "síndrome do Katrina". O furacão Katrina atingiu New Orleans em 2005, causando mais de 1800 mortes. Foi chamado de um furacão de "cem anos" — algo que pode ocorrer apenas uma vez por século. Convencer eleitores a aceitarem o pagamento de impostos mais elevados para construir proteção contra um possível evento de "cem anos" já é difícil, mas um evento de "10 mil anos", vindo do espaço profundo... quem se dispõe a fazer campanha com essa plataforma?

No entanto, os alarmes já tocam há tempo suficiente para que a conscientização existente entre cientistas, especialistas em questões espaciais, estrategistas de guerra e ambientalistas comece a chegar aos políticos.

As coisas discutidas aqui podem não acontecer, mas sem um ordenamento jurídico adequado cresce a tentação de se tornar tais situações realidades, especialmente quando um país teme que outro possa estar obtendo vantagens. Já estamos vivenciando uma corrida armamentista no espaço, e isso precisa ser interrompido. Com muita frequência se recorre a acordos obsoletos que dizem respeito a uma outra época, sobretudo o Tratado do Espaço Sideral.

Precisamos de maior clareza e de compromissos comuns em relação à transparência, ao acúmulo de recursos, à coleta de detritos, ao descarte de espaçonaves, à liberdade de navegação, ao desconflito, à liberação de dados, à conscientização situacional e à gestão de tráfego espacial, tudo dentro de uma ordem baseada em regras respeitadas, com as quais todas as partes concordem. Atualmente, as três potências espaciais — China, Estados Unidos e Rússia — concordam em bem pouco, e sabem que o que acontece no espaço é uma extensão do que acontece na Terra. As três são ambiciosas e desconfiadas das intenções umas das outras — tanto os chineses quanto os norte-americanos querem redigir as novas regras internacionais para o espaço. Precisarão ser persuadidos por todos os demais de que é do seu próprio interesse cooperarem entre si.

Os sistemas jurídicos vigentes acerca do espaço estão longe de serem tão abrangentes quanto os que existem em outras esferas, como o direito marítimo. Eles exigem uma atualização drástica e, em alguns casos, precisam ser descartados e substituídos por nova legislação. A tecnologia ultrapassou a lei. Sem leis, a geopolítica — e agora a astropolítica — é uma selva.

CAPÍTULO 5

China: A longa marcha... para o espaço

O primeiro a chegar é o primeiro a ter sucesso.

PROVÉRBIO CHINÊS

Imagem da Estação Espacial Tiangong, da China.

É 2061. A superfície da Terra está congelada. Na tentativa de escapar do Sol em expansão, o planeta meio que perdeu o rumo. Já não gira, porque milhares de motores movidos a fusão e posicionados em um dos lados da Terra a impulsionam pelo nosso sistema solar. Quanto mais longe do Sol o globo viaja, mais frio fica. Metade da população está morta, e os sobreviventes vivem em grandes cidades subterrâneas. Mas a Terra precisa chegar até Alfa Centauri, onde existe um Sol perfeito, que não está em expansão e nos permitirá voltarmos à normalidade. "Uma viagem de 4,5 anos-luz começa com o primeiro passo", como Confúcio nunca disse.

Esse é o enredo completamente maluco e superdivertido da ficção científica chinesa *Terra à deriva*, de 2019. Quando foi lançado, o filme fez sucesso estrondoso no mercado interno, quebrando recordes de bilheteria. Foi exibido internacionalmente na Netflix e tornou-se o quinto filme em língua não inglesa de maior bilheteria em todos os tempos. É interessante em vários sentidos, principalmente pelo que diz sobre *soft power* e sobre o modo como a China projeta sua visão do espaço.

O diretor, Frant Gwo, afirma que nos Estados Unidos existe uma narrativa sobre a humanidade acabando por deixar a Terra para colonizar a "fronteira sem fim", e isso é retratado na literatura e nos filmes de ficção científica norte-americanos. Mas, argumenta ele, a narrativa chinesa diz respeito a melhorar a vida na Terra recorrendo a recursos espaciais. Esse é um dos temas de *Terra à deriva*. Gwo disse ao *Hollywood Reporter*:

> Quando a Terra passa por esse tipo de crise representada nos filmes de Hollywood, o herói sempre se aventura no espaço para encontrar um novo

> lar, o que é uma abordagem muito norte-americana — aventura, individualismo... Mas no meu filme trabalhamos em equipe para termos conosco toda a Terra. Isso vem dos valores culturais chineses — terra natal, história e continuidade.

Não surpreende que a temática se encaixe na mensagem do Partido Comunista Chinês (PCC), e que o Partido tenha apoiado o filme. O trabalho de Gwo foi parcialmente produzido pela empresa estatal China Film Group Corporation e, como é normal ocorrer no país, precisou ser aprovado pelo departamento de publicidade do PCC. O Ministério da Educação recomendou a exibição do filme em escolas de todo o país. O Comitê Central de Inspeção Disciplinar do PCC sentiu-se levado a elogiar a obra de Gwo, e o Ministério das Relações Exteriores, em Beijing, fez sua parte em termos de publicidade, com a porta-voz Hua Chunying dizendo aos jornalistas: "Eu sei que o filme mais comentado atualmente é *Terra à deriva*. Não sei se os senhores já viram o filme, ou não, mas eu recomendo". Justo, mas ninguém havia perguntado a ela sobre o filme.

Justo também é que, embora exista no filme um Governo da Terra Unida, o plano é liderado pela China e são heróis chineses que salvam o planeta, ainda que com a ajuda de um amável cosmonauta russo. É uma mudança significativa em relação a quando norte-americanos o fazem, normalmente enquanto dizem coisas como "Estou velho demais para essa merda!". O equivalente aproximado em *Terra à deriva* surge quando um soldado dispara uma metralhadora enorme contra o planeta Júpiter, enquanto grita: "Vai se ferrar, maldito Júpiter!". Essa fala talvez ajude você a decidir se quer ou não ver o filme.

A liderança do PCC definitivamente quer que todos assistam; no entanto, uma vez que *Terra à deriva* reverbera muito bem o "pensamento Xi Jinping", Beijing sabe que sua crescente capacidade espacial é vista como ameaça pelos Estados Unidos e outros países. Usando *soft power*, como o cinema, o Partido pode sugerir ao público estrangeiro que não há nada a temer diante das atividades chinesas, ao mesmo tempo que fortalece o orgulho e os interesses nacionais.

O PRESIDENTE CHINÊS HÁ MUITO TEMPO defende a ideia de que o programa espacial da China não representa ameaça a ninguém, que procura trabalhar sob a égide de estruturas internacionais e é desenvolvido para o benefício de toda a humanidade. Será mesmo?

Não é — mas tampouco o é o programa de qualquer outro país. E o programa espacial da China, direta e totalmente controlado pelo Exército de Libertação Popular (ELP), é mais militarizado que o de qualquer outra nação.

A Administração Espacial Nacional está subordinada à Administração Estatal de Ciência, Tecnologia e Indústria em prol da Defesa Nacional. Seu site diz que o órgão foi criado "para guarnecer as Forças Armadas" e que "atende às necessidades da defesa nacional, das forças militares, da economia nacional e de organizações relacionadas ao poderio militar". Os locais de lançamento de foguetes são operados diretamente pelo ELP, por meio de sua Força de Apoio Estratégico, responsável por missões de guerra espacial, cibernética e eletrônica. O departamento encarregado dos astronautas — ou taikonautas, como são chamados — está subordinado ao Departamento Central da Comissão de Desenvolvimento de Equipamento Militar.

Nada disso é confidencial, mas a China não parece interessada em divulgar tais informações. Sites do governo em chinês são transparentes quanto ao controle exercido pelos militares, e até publicam fotos de militares de alta patente uniformizados, mas versões dos mesmos sites em língua inglesa fazem pouca menção a isso.

Xi Jinping acredita que a China deveria desempenhar um papel de maior liderança no mundo, e a China encara o espaço como parte dos seus planos para o futuro. O país adota uma abordagem "tecnonacionalista" diante da modernização, compreendendo perfeitamente que precisa ser um líder tecnológico se quiser atingir seus objetivos.

Na década de 1950, o presidente Mao pensava de forma semelhante a Xi, e lamentava que a China não conseguisse lançar sequer uma batata ao espaço. Ninguém se atrevia a indagar a razão de tal desejo, e no final da década de 1950, embora o país ainda fosse pobre e predominantemente agrícola, houve a decisão de investir em mísseis de longo alcance e em tecnologia espacial.

A versão chinesa de Wernher von Braun, para os Estados Unidos, e de Sergei Korolev, para a União Soviética, foi Qian Xuesen (1911-2009), um dos maiores cientistas que o país já produziu e considerado "o pai dos foguetes chineses". Qian formou-se como o primeiro da turma na Universidade Nacional de Chiao Tung (hoje Universidade Jiao Tong de Shanghai), e prosseguiu os estudos no MIT — Instituto de Tecnologia de Massachusetts e depois no Instituto de Tecnologia da Califórnia, onde permaneceu por quase duas décadas. Lá, sob a tutela do professor Theodore von Kármán, integrou uma equipe apelidada de "Esquadrão Suicida", graças às tentativas de construir um foguete no campus universitário e aos subsequentes acidentes envolvendo substâncias químicas voláteis.

Durante a Segunda Guerra Mundial, Qian trabalhou na resposta norte-americana aos foguetes *V-1* e *V-2* produzidos pela Alemanha e no Projeto Manhattan, que desenvolveu a primeira bomba atômica. Depois de receber uma patente temporária de tenente-coronel, foi enviado à Alemanha para entrevistar os cientistas responsáveis pelo foguete *V*, incluindo Von Braun. No final da guerra, ele era considerado um dos maiores especialistas mundiais em propulsão a jato.

Em 1949 tudo isso não serviu de nada, pois, quando o Partido Comunista estava assumindo o controle da China, Qian foi acusado pelos norte-americanos de ser simpatizante comunista. Depois, em 1950, foi privado de seu salvo-conduto e colocado em prisão domiciliar. Uma subsequente solicitação de regresso à China foi negada pelas autoridades dos Estados Unidos porque o homem sabia demais. Em 1955, quando finalmente foi autorizado a deixar o país, ele partiu para a China, dizendo aos repórteres que jamais voltaria a pôr os pés nos Estados Unidos. E manteve sua palavra. Uma perda para os Estados Unidos — e um ganho para a China.

Enquanto, em meados do século XX, solidificavam seu controle sobre a China, os comunistas viram norte-americanos e soviéticos gastarem bilhões na corrida espacial. O direito do vencedor de se gabar suscitou menos interesse para os chineses que os avanços tecnológicos. Quanto maior a dimensão e o alcance dos foguetes, mais Beijing se alarmava com o fato de que pudessem ser militarizados e usados contra a China. Então, Qian foi designado para trabalhar no treinamento de uma geração de cientistas que ajudaram a desenvolver a bomba nuclear chinesa e o sistema Dongfeng de mísseis balísticos.

Em 1956, no espírito de "assistência fraterna", os soviéticos forneceram a Qian os projetos de seus foguetes R-1 e enviaram especialistas a Beijing para deflagar o programa chinês de mísseis. Um local de testes foi construído no deserto de Gobi e dezenas de estudantes chineses foram enviados a Moscou para treinamento.

Os chineses queriam ter acesso a foguetes mais modernos, mas a "assistência fraterna" tinha limites, e os russos relutavam em permitir que sua tecnologia mais recente fosse transferida para outro país. Os estudantes chineses recorreram à cópia de documentos restritos e "roubaram" informações de seus instrutores.

As relações entre Rússia e China deterioraram-se, abrangendo uma série de questões, incluindo uma disputa fronteiriça no Extremo Oriente e o fato de ambos os países reivindicarem a liderança do mundo comunista, cada um insistindo que sua versão de marxismo-leninismo era a forma correta de comunismo. Além disso, o presidente Mao achava que o líder soviético, Nikita Khruschóv, não era agressivo o suficiente diante das nações capitalistas ocidentais.

Em 1960 a cooperação foi suspensa. Mas, com base no que já sabiam, os chineses foram capazes de produzir o míssil *Dongfeng*, ou "Vento Leste", com capacidade de alcance curto, médio, intermediário e eventualmente intercontinental, e que podia ser lançado de silos ou de lançadores portáteis. Qian valeu-se da rápida absorção de conhecimento técnico para supervisionar o lançamento do primeiro satélite da China e estabelecer as bases do programa espacial chinês.

Qian é um herói nacional, e há um museu — somando 70 mil artefatos — dedicado a ele. A história de Qian é um alerta contra a rejeição de conhecimento científico externo baseada em frágeis desconfianças. Dan Kimball, ex-ministro da Marinha dos Estados Unidos, afirmou que o tratamento dispensado pelos Estados Unidos a Qian foi "a coisa mais idiota que esse país já fez".

Em 1967, Mao deu a ordem para colocar um taikonauta no espaço, e os primeiros candidatos foram selecionados para treinamento. O programa, porém, foi cancelado enquanto o país esteve mergulhado no caos da Revolução Cultural, quando muitos cientistas foram presos ou mortos. Por exemplo, Zhao Jiuzhang, chefe do programa de satélites da China, foi denunciado como "contrarrevolucionário" e espancado pela Guarda Vermelha. Acredita-se que tenha se suicidado, por afogamento, em um lago de Beijing.

Apesar desses atrasos, o primeiro satélite da China foi colocado em órbita em 24 de abril de 1970 e circulou o globo durante 28 dias. Com isso, a China se tornou o quinto país a pôr satélites em órbita, após a União Soviética, os Estados Unidos, a França e o Japão. Cinco baterias dentro da máquina foram utilizadas para permitir que a canção "O Oriente é vermelho" fosse transmitida para a Terra, de modo que todos pudéssemos apreciar a letra (repetida a cada trinta segundos): "O Oriente é vermelho. O sol nasceu. A China deu à luz Mao Tsé-Tung!". Na China, 24 de abril é agora o Dia do Espaço.

A partir daquele momento, o programa avançou com celeridade. Em meados da década de 1980, a China já lançava satélites regularmente e oferecia seus serviços a outros países.

Ao longo das primeiras décadas, o programa espacial chinês visava sobretudo a satisfazer ambições militares, além de usar satélites para monitorar o clima e, à medida que o país se industrializava, para determinar onde construir estradas e ferrovias. Neste século, porém, o Partido Comunista compreendeu a utilidade do programa espacial para mostrar a todos o lugar da China no mundo — isto é, como nação presente entre os líderes mundiais militares, tecnológicos e econômicos, e com potencial para tornar-se a potência preeminente.

Quando, em 2007, a China destruiu deliberadamente seu próprio satélite meteorológico usando um veículo de morte cinética, outros países ficaram horrorizados com a subsequente dispersão de destroços espaciais, além de impressionados — e alarmados — com o fato de os chineses terem realizado algo equivalente a acertar uma bala com outra bala: viajando a cerca de 29 mil quilômetros por hora, o referido veículo, quando faltava apenas um segundo para o impacto, realizou três ajustes em sua trajetória, para atingir em cheio o alvo de dois metros quadrados: o satélite.

A China declarou que a ação não fazia parte de uma corrida armamentista no espaço, porque o país jamais se envolveria em tal processo. Se assim for, são infundadas as alegações de que Beijing está avançando com pesquisas sobre armas de energia dirigida e baseadas no solo visando a atingir alvos inimigos no espaço. Isso também significa que provavelmente só astrônomos entusiastas fazem uso dos locais remotos na China com grandes edificações cujos telhados retráteis permitem avistar o céu e cujas cúpulas podem ser abertas para visualizar alvos.

No início de 2022, Beijing publicou um texto sobre o programa espacial do país. Intitulado "Perspectiva", iniciava com uma citação do presidente Xi Jinping: "Explorar o vasto cosmos, desenvolver a indústria espacial e transformar a China em potência espacial é nosso sonho eterno". Ao longo do documento há referências à maneira como a indústria espacial contribuirá para o crescimento da China e "para o consenso global e o esforço comum no que diz respeito à exploração e à utilização do espaço sideral, bem como para o progresso da humanidade". O documento prossegue e, em meio a declarações de intenções, arrola as conquistas da China até o presente. Há planos para naves espaciais tripuladas de próxima geração, um pouso humano na Lua, uma estação lunar internacional de pesquisa, sondagem de asteroides e exploração do espaço mais longínquo. Há também uma frase sobre "exploração do sistema de Júpiter, e assim por diante", o que é intrigante, mas nesse "e assim por diante" algo pode ter sido perdido na tradução.

A missão visa "acessar livremente, usar eficientemente e gerir eficazmente o espaço". O "acessar livremente" e o "gerir eficazmente" são uma espécie de tiro certeiro nos norte-americanos e em qualquer tentativa de negar à China seu lugar nos céus. Em 2017, o chefe do Programa de Exploração Lunar chinês, Ye Peijian, afirmou: "Se não formos até lá agora que somos capazes de fazê-lo, nossos descendentes haverão de nos culpar. Se outros forem até lá, assumirão o controle e não poderemos ir, mesmo que queiramos. Isso é razão suficiente".

O documento é explícito no apelo às Nações Unidas para que assuma o protagonismo "na gestão de assuntos relacionados ao espaço sideral". Ressalta que, desde 2016, a China assinou acordos espaciais ou memorandos de cooperação com dezenove países e regiões, incluindo Paquistão, Arábia Saudita, Argentina, África do Sul e Tailândia, além de quatro organizações internacionais. Enfatiza a colaboração com a Agência Espacial Europeia (na sigla em inglês, ESA), a Suécia, a Alemanha e a Holanda. Anuncia que propiciou a vários países lançamentos de satélites e abriu suas instalações para nações em desenvolvimento, tais como Laos e Mianmar.

Tudo isso configura uma reação contra o que Beijing vê como uma tentativa norte-americana de dominar a gestão do espaço. Ao longo dos anos, houve esforços em prol de colaboração. No início de 1984, o presidente Reagan ofereceu um lugar no ônibus espacial dos Estados Unidos para um taikonauta. Em 1986, um grupo de cientistas chineses deveria visitar o Centro de Naves Espaciais Johnson, em Houston, durante o período de preparação, mas em janeiro daquele ano o ônibus espacial *Challenger* explodiu 73 segundos após o lançamento, matando todos os sete membros da tripulação. A visita foi cancelada e todos os "programas de convidados" foram suspensos indefinidamente.

Atualmente, a China foi excluída dos Acordos Ártemis, depois que o Congresso dos Estados Unidos limitou a capacidade da Nasa de cooperar com o país asiático, por força da Emenda Wolf, de 2011. A justificativa de Frank Wolf, à época parlamentar republicano, foi que a relação entre exploração espacial, avanços tecnológicos e o poderio militar chinês era tal que os Estados Unidos não podiam arriscar colaboração com esse rival em crescimento. Especificamente, a preocupação recaía sobre a possibilidade de furto de propriedade intelectual, tanto a acumulada em computadores da Nasa quanto a decorrente de pesquisa conjunta Estados Unidos-China, conhecimento que Beijing poderia aplicar a tecnologias militares sensíveis, incluindo mísseis balísticos.

É sabido que hackers chineses conseguiram invadir brevemente sistemas de computadores do Ministério da Defesa, do gabinete do ministro da Defesa, da Escola de Guerra Naval dos Estados Unidos, do Pentágono, de um laboratório de armas nucleares e da Casa Branca. Atividades de espionagem mais tradicionais também foram descobertas. Por exemplo, em 2008, Shu Quan-Sheng, um físico norte-americano residente na Virgínia, foi condenado por transferir para Beijing informações sobre os tanques de hidrogênio líquido de um foguete norte-americano. Em 2010, Dongfan Chung, ex-engenheiro da Boeing, foi condenado por fornecer à China mais de 300 mil páginas de informações confidenciais, incluindo dados sobre o sistema de ônibus espacial dos Estados Unidos.

A China reagiu à exclusão construindo um concorrente para a Estação Espacial Internacional, estabelecendo relações científicas estratégicas com uma série de países e desenvolvendo uma indústria espacial nacional que parece no mínimo tão avançada quanto a dos Estados Unidos. Isso foi conseguido sem contribuição ou monitoramento por parte dos norte-americanos.

Impressionante. E rápido, dado que o primeiro chinês foi ao espaço em 2003: o tenente-coronel Yang Liwei, piloto militar de 38 anos. A cápsula que o transportou foi colocada em órbita por um dos foguetes desenvolvidos na China, o *Changzheng 2F.* Yang Liwei orbitou a Terra catorze vezes, durante um voo de 21 horas — e a China tornou-se o terceiro país a enviar um ser humano ao espaço. O jornal *China Daily* descreveu o feito como "Grande Salto para o Céu".

As conquistas continuaram ocorrendo. No ano de 2012, a primeira chinesa viajou ao espaço — a piloto de caça major Liu Yang. Em 2014, a China concluiu seu novo espaçoporto costeiro, em Wenchang, especificamente construído para acomodar o diâmetro maior dos foguetes Changzheng, que precisam ser lançados sobre a água. Em 2016, dois taikonautas passaram um mês a bordo da estação espacial chinesa Tiangong 2, depois que a nave em que viajavam se acoplou com sucesso à estação.

Em 2019, a *Chang'e 4*, não tripulada, tornou-se a primeira nave espacial a pousar na face mais distante da Lua. A missão foi mais um exemplo do potencial de cooperação entre chineses e norte-americanos. A Nasa recebeu autorização para ajudar a fornecer informações acerca do local de pouso, e mais tarde os dois países concordaram que as conclusões das atividades coordenadas poderiam ser compartilhadas com a comunidade científica internacional por intermédio das Nações Unidas. Outro momento notável ocorreu em 2020, quando o último satélite *Beidou* foi posto em posição, completando uma rede de navegação concorrente do GPS, de propriedade norte-americana. "*Beidou*" é a palavra chinesa para a constelação do Arado, ou Ursa Maior. Então, em 2021 ocorreu a primeira caminhada espacial de uma chinesa, Wang Yaping.

O programa espacial chinês até mesmo descobriu um novo mineral na Lua. Em setembro de 2022, constatou-se que certas amostras de rocha coletadas dois anos antes pelo veículo robótico *Chang'e 5* continham um cristal transparente e incolor, batizado pelos chineses de Changesite-(Y). A Associação Internacional de Mineralogia confirmou que se trata de uma substância até então desconhecida.

Em 2023, a China quebrou seu recorde anterior de número de satélites lançados por um único foguete. Um veículo Longa Marcha 2D colocou 41 pequenos satélites em órbita para uma empresa comercial de sensoriamento remoto, a Chang Guang. Ainda falta muito para chegar perto do recorde da SpaceX, de 143 satélites, estabelecido em 2021, mas é um grande avanço em relação ao recorde anterior da China, de 26.

Talvez o maior marco da última década tenha sido a órbita, o pouso e a subsequente implantação de um robô para exploração espacial em Marte. A missão Tianwen-1 chegou ao planeta em fevereiro de 2021 e passou três meses pesquisando o local certo para pousar. Em 14 de maio, o módulo de pouso deixou o veículo em órbita e fez um pouso suave. O robô *Zhurong* (Deus do Fogo) foi então liberado para realizar pesquisas sobre a geologia marciana, pesquisar a existência de água e transmitir som e visão. Existem atualmente três robôs espaciais ativos no planeta: o *Zhurong* e, de duas missões anteriores conduzidas pela Nasa, o *Perseverance* e o *Curiosity*.

Tudo isso é motivo de grande orgulho na China e está interligado à mitologia do Partido Comunista. Os foguetes chineses *Changzheng*, "Longa Marcha", têm o nome da famosa retirada militar ocorrida durante a guerra civil chinesa, em 1934-5, na qual o Exército Vermelho percorreu 9 mil quilômetros em terreno acidentado. A retirada ajudou Mao a chegar ao poder e derrotar as forças anticomunistas; faz parte dos mitos de fundação do Partido Comunista Chinês e é frequentemente usada como exemplo de sacrifício heroico necessário para alcançar a grandeza. Empregar esse termo para nomear os foguetes que impulsionam a China à grandeza espacial é algo profundamente simbólico.

Curiosamente, no entanto, nos últimos anos a China mitigou um pouco as exortações públicas sobre a superioridade do comunismo e, em vez disso, abraçou elementos de nacionalismo e mitos de uma memória coletiva histórica mais antiga. Isso se reflete na nomenclatura designada às missões espaciais e aos equipamentos. Por exemplo, em 2007, a nave não tripulada que orbitou a Lua foi chamada de *Chang'e 1* em homenagem a uma bela mulher que, no folclore chinês, furtou o elixir da imortalidade que pertencia ao marido, bebeu-o, voou para a Lua e tornou-se uma deusa celestial. Chang'e tem um coelho de estimação chamado Yutu (Coelho de Jade), que percorre a Lua macerando o elixir da imortalidade, para garantir que Chang'e disponha sempre de estoque suficiente. Então, não é nenhuma surpresa que quando, em 2013, a China pousou o *Chang'e 3* na superfície lunar, o robô para exploração espacial que se aventurou do interior do veículo chamava-se *Yutu*.

Enquanto isso, a bordo da Estação Espacial Tiangong, taikonautas, que viajam até lá em uma cápsula *Shenzhou* ("Nave Divina"), podem agradecer às estrelas pela sorte por estarem no "Palácio Celestial", cujo nome é inspirado na morada do Governante Celestial, aquele que na mitologia chinesa detém autoridade suprema sobre o Universo. A palavra "taikonauta" é uma mescla de mandarim e grego — combinando "*taikong*", que significa "cosmos", e "*naut*", "marinheiro" em grego. O termo foi popularizado pelo especialista chinês em assuntos espaciais Chen Lan, que administrou um site chamado GoTaikonauts!. A palavra oficial que designa um chinês astronauta é "*yuhangyuan*", ou "viajante do Universo" (ou, pior ainda, "trabalhador de viagens universais").

Essa nomenclatura é importante. Sinaliza para o mundo que o espaço não é domínio exclusivo de norte-americanos e europeus, e que para cada Ártemis, há uma Chang'e.

Houve reveses no desenvolvimento do programa espacial da China (assim como aconteceu com os da Rússia e dos Estados Unidos). Aqui se inclui a tragédia, em 1996, na qual um foguete explodiu após a decolagem e matou pelo menos seis pessoas no solo. Os detalhes exatos ainda não são conhecidos — um lembrete de que a China continua, em muitos aspectos, a ser uma sociedade fechada. Em 1972, a historiadora Barbara Tuchman, duas vezes vencedora do prêmio Pulitzer, ao regressar de uma visita à China, escreveu:

> Além da barreira linguística, estou tentando analisar um programa relativamente secreto e administrado pelo governo de uma das sociedades mais fechadas do mundo. A República Popular da China ter abraçado modos capitalistas de produção, a fim de possibilitar o crescimento mais rápido da economia, não deve ocultar o fato de que se trata de uma nação comunista, governada por um partido comunista, onde o sigilo é política governamental em todos os níveis.

A China mudou, em vários aspectos, mas as palavras de Tuchman são tão verdadeiras hoje quanto naquela época.

Apesar do sigilo mantido em torno do programa espacial, atualmente é de conhecimento geral que a capacidade de lançamento chinesa está bem estabelecida — e se expandindo. A Administração Espacial Nacional da China (Aenc) conta com diversos locais de lançamento, situados por todo o país. O mais antigo é o que fica próximo a Jiuquan, no deserto de Gobi, de onde Yang Liwei decolou em 2003. O deserto abriga ainda as instalações de Taiyuan, de onde são lançados alguns dos satélites meteorológicos chineses, mas que também abrange o sistema nacional de mísseis balísticos intercontinentais. Na província de Sichuan situa-se o Centro de Lançamento de Satélites de Xichang, e o Centro de Lançamento Espacial de Wenchang, mais moderno, localizado na ilha de Hainan, no mar do Sul da China, é agora usado para levar taikonautas à estação espacial chinesa e para missões de longa duração não tripuladas. Uma quinta instalação de lançamento está sendo concluída na cidade portuária de Ningbo, a leste, a cerca de duas horas e meia de carro de Shanghai. Dentro de alguns anos, espera-se que dali sejam lançados cem foguetes comerciais por ano, por meio das chamadas "decolagens rápidas". As instalações de Ningbo apresentam semelhanças com o Centro Espacial Kennedy, no cabo Canaveral, na Flórida. Ambas se localizam no litoral, o que significa que os foguetes não têm que sobrevoar a terra, e ambas estão em latitudes favoráveis para permitir uma saída mais rápida da atmosfera. O controle da missão é geralmente supervisionado de Beijing, ou de Xi'an, na China central. Existe também uma rede global terrestre de estações chinesas de rastreamento, que auxiliam na vigilância do tráfego espacial, bem como na comunicação com os satélites chineses e com a estação espacial do país. As estações de rastreamento estão sediadas em vários países, incluindo Namíbia, Paquistão, Quênia, Suécia, Venezuela e Argentina. A Aenc também possui uma frota de navios rastreadores espalhados pelos oceanos. As embarcações, cujo convés parece eriçado por conta de enormes antenas parabólicas, têm um aspecto estranho e constantemente percorrem os mares e varrem o céu, em busca de satélites e mísseis.

O novo espaçoporto em Ningbo fica perto da foz do rio Yangtzé, a poucos quilômetros de um aglomerado de indústrias voltadas para lançamentos comerciais. Com acesso a um grande porto e a indústrias sediadas em Shanghai e voltadas para a exploração espacial, Ningbo, ao contrário dos outros principais centros de lançamento, está bem situada para se integrar às cadeias de abastecimento existentes e parece destinada a desempenhar um papel fundamental no futuro.

As autoridades locais querem que Ningbo fique conhecida como a "Cidade Espacial da China", embora haja concorrência nesse sentido.

A maior montadora de automóveis do país, a Geely, tem sede na cidade, e está investindo pesado em design de satélites e projetos voltados para o setor de indústria aeroespacial. Em 2022, a montadora utilizou as instalações de Xichang para lançar nove satélites à órbita terrestre baixa, como primeiro estágio de uma rede que visa propiciar navegação mais precisa para veículos autônomos.

Tudo isso faz parte da crescente indústria espacial chinesa com fins comerciais. O país permanece atrás dos Estados Unidos em termos de financiamento privado, mas as empresas estão interessadas em investir, especialmente na concepção, construção e lançamento de satélites, antes que a órbita terrestre baixa fique por demais congestionada. O PCC começou a incentivar investimento privado em 2014; no entanto, como acontece com todas as empresas chinesas, a ligação com o Estado é mais forte que na maioria dos países. Há hoje na China mais de uma centena de empresas privadas cujas atividades estão relacionadas com o espaço, mas muitas são provenientes do setor governamental. Por exemplo, a ExPace, fabricante de foguetes localizada no complexo da Base Nacional de Indústria Espacial de Wuhan, é subsidiária da Companhia de Ciência e Indústria Aeroespacial da China, uma empresa estatal.

Outras se mantêm mais distantes do Estado: a i-Space, por exemplo, foi a primeira empresa privada chinesa cujo produto alcançou a órbita terrestre, quando, em 2019, lançou o foguete *Hyperbola-1*; mas a isso se seguiram dois fracassos em 2021 e um terceiro em 2022. Outras empresas também sofreram sérios reveses. A fim de auxiliar na superação desses insucessos, o governo está, aos poucos, autorizando a transferência de tecnologia e experiência estatal previamente restritas como parte de uma estratégia nacional de integração civil-militar. A medida reúne Estado, iniciativa privada e as melhores universidades de pesquisa do país em núcleos de excelência tecnológica, e o faz de um modo mais institucionalizado que nos Estados Unidos. Em um mercado bastante competitivo, algumas das novas empresas haverão de fracassar, mas é igualmente certo que outras ascenderão para se tornarem poderosas em sua atuação nacional e, provavelmente, global. Um bom exemplo de organização com potencial de liderança é a Space Pioneer, que em abril de 2023 se tornou a primeira empresa privada da China a alcançar a órbita usando um foguete de propelente líquido. Como muitas outras empresas chinesas, a Space Pioneer espera estar usando foguetes reutilizáveis dentro de alguns anos.

Em tudo isso, a China será ajudada por uma força de trabalho enorme e dinâmica. Há previsão de que o país terá problemas demográficos a longo prazo — um terço da população terá mais de sessenta anos em 2050 —, mas por enquanto ainda poderá produzir um número bastante elevado de cientistas e engenheiros. A Universidade Beihang (anteriormente conhecida como Universidade de Aeronáutica e Astronáutica de Beijing), por exemplo, conta com 37 mil alunos. A cada ano deste século a China aumentou o número de engenheiros formados; considerando o tamanho da população do país, não há como os Estados Unidos competirem em termos de volume.

Em um futuro próximo, Beijing pretende desenvolver ainda mais seu sistema Beidou de navegação por satélite para uso em diversos setores, tendo constatado o impulso que o GPS deu à economia dos Estados Unidos desde meados da década de 1980: agricultores norte-americanos valem-se do GPS para planejar o melhor uso de suas terras, serviços de entrega são conduzidos com mais eficiência nas cidades, instituições financeiras conseguem registrar data e horário das transações e armadores podem rastrear suas frotas a caminho dos portos. Estudos indicam que o GPS impulsionou a economia dos Estados Unidos em US$ 1,4 trilhão, com a maior parte do crescimento ocorrendo na última década. O sistema Beidou já funciona em mais de 400 milhões de telefones celulares e 8 milhões de veículos. Sua aplicação militar criptografada é mais precisa que a versão civil e será usada para monitorar os movimentos do ELP e das Forças Armadas de outros países.

A China também pretende lançar pelo menos mil satélites na próxima década, embora o número possa ser muito maior na prática. E oferecerá cada vez mais seus serviços aos países em desenvolvimento que não dispõem de recursos para lançar foguetes, nem para ter seus próprios satélites. Tal medida será utilizada para cimentar laços bilaterais, em uma tentativa de afastar nações da influência dos Estados Unidos. Satélites usados para descobertas científicas provavelmente obterão triunfos notáveis, capazes de se equipararem ao sucesso do *Telescópio de modulação de raios X duros*, o primeiro satélite astronômico de raios X produzido pela China, que observa buracos negros e descobriu o campo magnético mais forte do Universo.

É possível que um avião espacial chinês já esteja operando. Se não estiver, será em breve construído. Um avião espacial é um foguete com asas que decola verticalmente, alcança a altitude de oitocentos quilômetros em relação à Terra, pode manobrar e aterrissa como um avião. Os norte-americanos dispõem de um desde 2010: o *X-37B* assemelha-se aos ônibus espaciais atualmente aposentados, embora seja menor, com cerca de nove metros de comprimento; realizou poucas missões, cujo objetivo permanece secreto.

Menos ainda é sabido sobre a versão chinesa do avião espacial — o *Shenlong*, ou "Dragão Divino". Acredita-se que tenha voado ao espaço uma vez pelo menos, mas mesmo quanto a isso não existe certeza. No entanto, está registrada a ambição de pousar em asteroides e explorar as riquezas neles contidas. Algumas dessas rochas têm dezenas de quilômetros de largura e contêm bilhões de dólares em metais necessários para tecnologia do século XXI. Uma das muitas empresas start-up chinesas, a Origin Space, já lançou um protótipo de robô para capturar e destruir detritos espaciais e pretende desenvolvê-lo para minerar asteroides.

Há também a intenção de enviar mais uma sonda a Marte. Conseguir chegar lá já é bastante difícil, mas a China, junto aos Estados Unidos e à Agência Espacial Europeia, está desenvolvendo planos para escavar o solo, obter amostras de rochas e depois trazê-las de volta à Terra. Indo ainda mais longe, a intenção é enviar sondas a Júpiter e Saturno.

Mas talvez o projeto com maior significado político sejam os iminentes pousos chineses na Lua.

Em 2021, China e Rússia assinaram um memorando de cooperação visando à construção conjunta de uma base na Lua. Estão previstas três fases: a primeira, reconhecimento, até 2026, incluindo três missões tripuladas; a segunda, pouso na Lua; a terceira, "regresso" — a base lunar será habitável até 2036. Uma declaração do lado chinês assinala que os dois países "pretendem conduzir exploração científica no polo Sul lunar, a fim de facilitar a construção de uma estrutura básica que possibilite o estabelecimento de uma estação de pesquisa lunar na região". O polo Sul foi escolhido porque suas crateras geladas constituem fonte potencial de água.

No verão de 2023, Beijing antecipou seu cronograma para a base, que — em uma tentativa de garantir que a missão Ártemis, liderada pelos Estados Unidos, não seja o único programa de coalizão — será chamada de Estação Internacional de Pesquisa Lunar (ILRS, na sigla em inglês). A China afirma que seu foguete *Chang'e 8* aterrissará na Lua em 2028, levando um robô projetado para realizar impressões 3D de tijolos feitos de solo lunar. Esse será o teste para viabilizar missões futuras, algumas delas tripuladas, que terão o objetivo de desenvolver infraestrutura para uma base de habitação permanente.

A sede do projeto será na Cidade da Ciência do Espaço Profundo, em Hefei, a cerca de quatrocentos quilômetros de Shanghai. As primeiras nações a se inscreverem receberão condições favoráveis e direitos adicionais. Beijing afirma que vários países se comprometeram a participar do projeto da ILRS, incluindo a Rússia, o Paquistão e os Emirados Árabes Unidos. O último é interessante, já que também é membro dos Acordos Ártemis. Espera-se que esses países "não alinhados", com um tanque de combustível em cada um dos campos concorrentes, possam atuar como uma ponte entre eles.

Quando pousou uma nave não tripulada no lado oculto da Lua, a China fincou a bandeira chinesa na superfície e escavou o solo, em busca de pedras, em uma região sendo considerada para uma possível base lunar. Alguns relatórios apontam que o país quer marcar presença permanente na Lua já em 2028, mas a pretensão parece por demais ambiciosa; o ano de 2030 é mais realista, e mesmo isso já seria algo impressionante.

A primeira estrutura construída permitirá a mineração, com o propósito de extrair recursos que permitam o crescimento da base — essencial para isso é a água; daí a opção pelo polo Sul. Moscou e Beijing afirmam a intenção de que a base esteja totalmente operante até 2035; o programa Ártemis, liderado pelos norte-americanos, é mais vago quanto ao cronograma.

Construir uma base na Lua vai conquistar a imaginação de toda uma geração, da mesma forma como ocorreu com o pouso na Lua, em 1969. Na esteira disso, virá a admiração pelo brilho tecnológico e, igualmente importante, pela obstinação demonstrada pelo país (ou países) que primeiro realizar a façanha. Não se trata apenas de "fincar uma bandeira": trata-se de conquistar a "fronteira espacial", para obter vantagem, seja militar, seja comercial. Os prêmios são as riquezas potenciais da Lua, bem como a capacidade de utilizar o único satélite terrestre como ponto gravitacional para o lançamento de satélites militares cujo posicionamento seria difícil de ser detectado por concorrentes.

Outras reivindicações sobre a "geografia" do espaço serão feitas à medida que a década avançar. A China já é o único país que opera sua própria estação espacial, a Tiangong 3. Isso não chega às manchetes da mesma forma que uma base lunar chegará, mas, em termos astropolíticos, possuir a única estação soberana constitui uma afirmação importante. A ISS, mais conhecida, é um "programa de colaboração" que envolve países europeus, Japão, Rússia, Estados Unidos e Canadá, e já recebeu 266 astronautas provenientes de vinte nações distintas. Já a Tiangong pertence e é operada exclusivamente pela China, e deverá continuar em serviço até cerca de 2037. As versões 1 e 2, construídas e lançadas entre 2009 e 2016, serviram de teste para a terceira, que é quase três vezes mais pesada e bem maior. O projetista-chefe adjunto, Bai Linhou, afirma que os três taikonautas que ali realizarão missões de seis meses se sentirão como se estivessem "morando em uma bela casa". Mesmo assim, o ambiente será mais semelhante a um Airbnb duvidoso que a um moderno resort de férias. Tem apenas três módulos, enquanto a ISS conta com dezesseis. No entanto, a vista é boa, e ficará ainda melhor quando o telescópio espacial *Xuntian* for acoplado. Embora as dimensões sejam similares às do *Hubble*, com um espelho de dois metros de diâmetro, consta que o *Xuntian* possui um campo de visão trezentas vezes maior e uma câmera capaz de capturar 2,5 bilhões de pixels. A bordo da Tiangong, os taikonautas estão pesquisando medicina espacial, biotecnologia, combustão em microgravidade, física dos fluidos, impressão 3D, robótica, raios de energia dirigida e inteligência artificial. A estação mantém-se a cerca de quatrocentos quilômetros de altitude e, assim como a ISS, às vezes se torna visível a olho nu.

O descomissionamento da ISS está marcado para, no máximo, 2030. Com a aproximação dessa data, talvez se abra uma pequena janela para a China. O programa Ártemis contempla a construção do Portal Lunar — uma pequena estação que orbitará a Lua e atuará como centro onde naves espaciais, tripulações, módulos de pouso e robôs poderão reabastecer durante viagens frequentes (conforme veremos no próximo capítulo). Mas quaisquer atrasos na construção do portal deixarão a estação Tiangong como o único local aberto para convidados, e isso será uma demonstração de hospitalidade chinesa, de espírito de cooperação e... de liderança.

Beijing já disse que espera receber visitas de astronautas internacionais e que deseja trabalhar "com qualquer país do mundo que esteja comprometido com o uso pacífico do espaço sideral". E aprovou uma série de experimentos científicos para serem conduzidos a bordo da estação, a partir de uma lista de 49 apresentados por vários países. Por exemplo, foi selecionado um projeto de pesquisa liderado pela Noruega e conhecido como "Tumores no Espaço"; a partir de 2025, a pesquisa deverá analisar o efeito da microgravidade e da radiação espacial no crescimento de tumores.

A China e os Estados Unidos parecem destinados a passar a próxima década bastante isolados um do outro, no que diz respeito a ciência e engenharia de alta tecnologia, duas áreas cruciais diante dos desafios que a humanidade enfrenta tanto na Terra como no mais hostil dos ambientes para seres humanos, o espaço. Mas a colaboração é possível. Substituir a Emenda Wolf por algo menos agressivo ajudaria; e mesmo enquanto tal substituição estiver sendo preparada, visto que a referida emenda se refere especificamente à Nasa, o Ministério de Defesa e o Departamento de Estado dos Estados Unidos têm espaço para explorar negociações bilaterais que propiciem benefícios mútuos.

A distensão entre norte-americanos e soviéticos foi ajudada pelo "aperto de mão no espaço" ensejado pela missão Soyuz-Apollo. Após o fim da Guerra Fria, a colaboração entre a Rússia e os Estados Unidos na ISS foi uma ponte que possibilitou, pelo menos, a tentativa de construir um relacionamento melhor. O retorno à Lua é outra oportunidade. Se algum dos lados é capaz ou se dispõe a dar esse salto no espaço depende do relacionamento entre ambos na Terra.

CAPÍTULO 6

Estados Unidos: De volta para o futuro

Quando os homens chegam ao local de destino,
não devem dar meia-volta.
PLUTARCO

O Sistema de Lançamento Espacial conhecido como Exploração Estágio Superior, com a aeronave espacial *Órion*, parte do programa da Nasa para o retorno à Lua e exploração do espaço mais longínquo.

Já fomos, já vimos — e 1 milhão de pessoas compraram a camiseta da Nasa. Então, por que voltar?

A última vez que os seres humanos estiveram na Lua foi há mais de meio século: 14 de dezembro de 1972, quando Eugene "Gene" Cernan e Harrison Schmitt se tornaram a décima primeira e a décima segunda pessoas a caminharem pela superfície do satélite. Desde então a volta à Lua tem sido uma questão para os norte-americanos.

No escopo desse debate existem diversas respostas. Há aqueles que consideram que a exploração espacial é simplesmente cara demais e que o foco da humanidade deve estar em problemas mais terrenos. Outros argumentam que deveríamos mirar em Marte e que a prioridade é seguir diretamente para lá. No momento a discussão foi vencida pelos que dizem que devemos voltar à Lua — por uma série de razões, inclusive porque ela constitui um estágio para se chegar ao Planeta Vermelho; a intenção é estar de volta à superfície da Lua bem antes do final da década de 2020.

Na China tal debate inexiste. Lá, é tido como certo que a exploração do espaço é parte vital do desenvolvimento da nação. Há uma clareza de propósito exemplificada pela afirmação do presidente Xi Jinping de que "o sonho espacial é parte do sonho de fortalecer a China".

Naturalmente, o Politburo em Beijing não se vê pressionado por contratempos como pesquisas de opinião, partidos políticos de oposição ou fiscalização democrática dos orçamentos. Sendo assim, o programa espacial chinês é estável. Será comparável à situação nos Estados Unidos? Não muito.

O espaço continua a capturar a imaginação de grandes segmentos do público norte-americano, mas como política mal aparece nas eleições e, por isso, a questão pode ser facilmente desviada para os remansos do planejamento orçamentário. É periodicamente fustigada por caprichos políticos e ventos econômicos contrários. Às vezes fica em voga, sendo usada como inspiração, outras vezes é considerada uma dor de cabeça das mais dispendiosas.

Isso foi uma grande verdade nos anos seguintes ao pouso na Lua. A tecnologia norte-americana triunfou, e a corrida espacial foi vencida. Depois, o interesse público diminuiu; o mesmo aconteceu com o financiamento. Conforme expressou de forma memorável o escritor norte-americano Tom Wolfe, o pouso na Lua acabou sendo "um pequeno passo para Neil Armstrong, um salto gigantesco para a humanidade e uma joelhada no saco da Nasa".

No discurso do presidente Kennedy, em 1961, prometendo colocar um homem na Lua até o final da década, reverberam o otimismo e o impulso característicos do início dos anos 1960 nos Estados Unidos. Desde aquele momento, em se tratando do programa espacial do país, a despeito dos esforços da administração de Ronald Reagan, nada se iguala a tal confiança e a tal compreensão da relação existente entre espaço e geopolítica. A retórica de Kennedy era típica de sua época, e a época era de Guerra Fria.

Todos os pousos tripulados na Lua ocorreram durante a presidência de Richard Nixon (1969-74), mas ele herdou o projeto Apollo de seus antecessores. A Nasa havia traçado planos ambiciosos para construir uma base lunar até 1980 e enviar astronautas a Marte até 1983, mas Nixon cancelou esses planos em favor do ônibus espacial, que entrou em serviço em 1981. Nixon definiu a missão Apollo 11 como "a semana mais importante na história do mundo desde a Criação", mas alguns meses após o triunfo ele já dizia a assessores que não via necessidade de astronautas norte-americanos retornarem à Lua. Estava ciente dos custos e perigos envolvidos nas missões Apollo, e sabia também que o interesse público após o primeiro pouso lunar estava diminuindo.

Então, foi em 1972 que Harrison "Jack" Schmitt e Gene Cernan, da *Apollo 17*, pilotaram o derradeiro voo tripulado até a Lua. Depois de dar os últimos passos no regresso ao módulo de pouso, Cernan fez uma pausa, se ajoelhou e escreveu na poeira as iniciais da filha, Tracy: TDC. Então, proferiu uma breve fala, concluindo com: "Partimos como chegamos e, se Deus quiser, como voltaremos: com paz e esperança por toda a humanidade". Fechada a escotilha, seus dedos pairaram um instante sobre o botão de ignição do módulo e então Cernan disse suas últimas palavras na Lua, conforme ele próprio lembrou mais tarde: "OK, Jack, vamos tirar esse sacana daqui".

Foi um final estranho para um projeto que pode ser considerado a maior conquista científica e técnica da humanidade. Quando o módulo de pouso foi acoplado à nave-mãe, a tripulação concedeu uma coletiva de imprensa ao vivo. As redes de telecomunicação dos Estados Unidos não se deram o trabalho de transmitir.

A Lua tinha virado história, e uma história cara. A Nasa precisava de uma alternativa menos dispendiosa a um foguete descartável, de disparo único, e de um projeto que pudesse ser justificável junto à Casa Branca. O ônibus espacial reutilizável visava propiciar aos Estados Unidos uma alternativa de baixo custo para levar pessoas e cargas úteis até a órbita terrestre baixa. A agência conseguiu realizar o feito, mas a um custo financeiro bastante superior às projeções orçamentárias iniciais, e a um custo em termos de vidas humanas que expôs falhas no projeto técnico.

O primeiro voo de teste orbital ocorreu em 1981, e no decorrer dos trinta anos subsequentes o programa Shuttle concluiu 135 missões. Entre muitas conquistas, os ônibus espaciais acoplaram-se à Estação Espacial Mir, colocaram em órbita o telescópio espacial *Hubble* e auxiliaram na construção da ISS. No entanto, a explosão da *Challenger*, em janeiro de 1986, foi um desastre para o programa. Em seu discurso, o presidente Reagan prestou homenagem à tripulação: "O futuro não pertence aos covardes; pertence aos corajosos. Os integrantes da tripulação da *Challenger* estavam nos levando ao futuro, e continuaremos a segui-los". Uma investigação apontou que técnicos da Nasa tinham se contentado com suposições de que o ônibus espacial poderia sobreviver a pequenas falhas no lançamento, e o programa permaneceu suspenso durante quase três anos, antes de ser reativado com inúmeras mudanças nos projetos dos foguetes utilizados no processo de lançamento.

Na frente militar, Reagan apoiou a chamada "Guerra nas Estrelas" — ou Iniciativa de Defesa Estratégica —, que propôs uma rede de mísseis e lasers atuando no espaço e no solo. O esquema não chegou a ser construído, por inúmeras dificuldades no desenvolvimento dos lasers e por uma oposição política que alegava que a iniciativa provocaria uma corrida armamentista com a União Soviética. No entanto, parte do trabalho tecnológico realizado abriu caminho para o que hoje sabemos sobre defesa antimísseis.

O presidente George H. W. Bush (1989-93) apoiou a construção de bases na Lua e em Marte, mas não conseguiu convencer o Congresso a financiar o projeto. Seu sucessor, Bill Clinton (1993-2001), governou durante um período de crescimento econômico. A construção da ISS teve início na metade de seu segundo mandato, mas pouco se falava sobre viagens à Lua ou além.

A situação mudou nos mandatos de George W. Bush (2001-9), filho do ex-presidente. Em 2003 ocorreu um segundo desastre, quando o ônibus espacial *Columbia* se partiu ao reentrar na atmosfera terrestre, novamente com a perda de todos os sete tripulantes. Na sequência do primeiro voo de teste, o ônibus espacial agora amargava a proporção de um acidente fatal a cada 67 voos. A Nasa havia afirmado que os ônibus espaciais poderiam ser lançados todos os meses, mas, na realidade, mal conseguia lançar um a cada três meses, e a um custo que levou as empresas comerciais a buscarem alternativas para pôr seus satélites em órbita. No ano seguinte, Bush traçou um plano para "aposentar" toda a frota e concentrar-se no retorno à Lua até 2020.

A Nasa recebeu recursos para desenvolver uma espaçonave tripulada mais moderna, um módulo lunar e dois novos foguetes. O então diretor da agência, Michael Griffin, descreveu os planos como "Apollo com esteroides". Mas não era para acontecer. Houve atrasos e custos excessivos, e a Nasa ultrapassou o orçamento em 3,1 bilhões de dólares. O presidente Barack Obama (2009-16) veio com uma visão do tipo "já conheço esse filme". Um de seus primeiros atos foi cortar o financiamento. Em vez de apoiar os planos existentes, ele disse que os Estados Unidos deveriam mirar um alvo diferente — asteroides — e avançar para Marte. Não aconteceu muita coisa, e então o Donald chegou.

O presidente Obama rasgou os planos do presidente Bush; agora o presidente Trump rasgava os de Obama. Os asteroides caíram fora. A Lua voltou à moda. Não foi apenas porque Trump queria reverter a maior parte do trabalho da administração Obama; as viagens espaciais tornavam-se menos dispendiosas, a tecnologia tinha avançado, talvez existissem água e metais preciosos na Lua, e Beijing parecia ter a intenção de garantir um "salto gigantesco" para a China.

O programa Ártemis, anunciado por Trump em 2017, pretende colocar homens e mulheres na Lua na década de 2020 e fixar uma base lunar na década de 2030, antes de finalmente partir para Marte. Os contribuintes dos Estados Unidos deverão pagar 93 bilhões de dólares pelo projeto, e isso só até 2025.

O presidente Biden herdou o plano e delegou sua supervisão à vice-presidente Kamala Harris. A Nasa está comprometida com seus objetivos e o governo está comprometido com o orçamento, mas é revelador que Biden o tenha praticamente ignorado, visto que estava mais focado nos aspectos militares e comerciais da política espacial dos Estados Unidos.

Tudo isso está, de modo geral, alinhado com as prioridades da população. Em 1969, 53% dos norte-americanos achavam que os benefícios da política espacial dos Estados Unidos compensavam os custos financeiros, mas em meados da década de 1970 apenas 40% pensavam assim. Desde os anos 1980 esse número tem permanecido acima de 50%. Uma pesquisa conduzida em 2021 constatou que apenas 24% dos entrevistados consideravam o orçamento da Nasa demasiado alto. A mesma pesquisa verificou as prioridades dos entrevistados quanto ao envolvimento do governo em projetos no espaço: cerca de 63% das pessoas pensavam que o foco principal deveria ser o combate às mudanças climáticas e 62% acreditavam que monitorar asteroides que pudessem atingir a Terra era uma grande prioridade, mas apenas um terço das pessoas, aproximadamente, priorizava o envio de astronautas à Lua ou a Marte.

Esses números refletem prioridades, e não falta de interesse pelo espaço. Em muitos países constata-se a aceitação de que viagens espaciais são assunto de Estado, mas os norte-americanos são mais propensos a argumentar que a indústria privada deveria assumir a liderança, e que tal indústria talvez esteja mais bem equipada para enfrentar os grandes desafios apresentados pelas viagens espaciais. Os efeitos dessa atitude são claros. No setor comercial, as empresas norte-americanas estão à frente. O investimento e a concorrência aumentam, à medida que as empresas avaliam custos e benefícios das possibilidades de mineração na "Fronteira Superior".

No entanto, também surgiu nas sondagens a constatação de que a maioria dos norte-americanos acredita que a China é uma "grande ameaça" à liderança dos Estados Unidos no espaço, e a mesma maioria pretende resguardar o domínio do país. Apesar disso, quando se trata de construir uma base na Lua não se vê a mesma urgência de "vencer a corrida espacial" que havia durante a Guerra Fria. Na frente militar, porém, os Estados Unidos estão determinados a enfrentar qualquer desafio imposto pela China ou pela Rússia.

No capítulo anterior, examinamos as políticas e as metas espaciais do governo chinês. As dos Estados Unidos são notavelmente similares. Isso é bom e ruim. É bom porque ambos os países falam sobre cooperação — por exemplo, no documento intitulado "Quadro de prioridades espaciais", de 2022, os Estados Unidos afirmam que "demonstrarão como as atividades espaciais podem ser conduzidas de forma responsável, pacífica e sustentável". Mas o documento também afirma: "Os Estados Unidos comandarão o esforço pelo fortalecimento da gestão global das atividades espaciais". Não com anuência da China e da Rússia.

O documento não cita esses dois países, mas é difícil não perceber a quem se dirige o seguinte parágrafo: "As doutrinas militares das nações concorrentes identificam o espaço como crítico para a guerra moderna e enxergam o uso de capacidade armamentista contraespacial como um meio tanto de reduzir a eficácia militar dos Estados Unidos quanto de vencer guerras futuras". Portanto, "a fim de deter qualquer agressão [...], os Estados Unidos acelerarão sua transição para uma postura mais resiliente no que concerne à segurança nacional espacial".

As tensões vêm aumentando há algum tempo. Pouco depois do choque do KKV chinês ocorrido em 2007, a China suspeitou que os Estados Unidos estivessem enviando uma mensagem por meio do lançamento de um míssil. No entanto, é igualmente plausível que a destruição pelos Estados Unidos de um dos seus satélites espiões ultrassecretos não tenha sido uma resposta à ação chinesa.

Às 22h26 de 20 de fevereiro de 2008, um míssil disparado do navio norte-americano *Lake Erie* decolou rumo ao espaço. Quatro minutos depois, atingiu o satélite *USA-193*, a uma altitude de 240 quilômetros. Não se tratava de um satélite com prazo de validade vencido, mas de uma máquina de última geração, repleta do que existia de mais recente em termos de tecnologia de espionagem. Pouco após o satélite entrar em órbita, em dezembro de 2006, os norte-americanos perderam o controle do equipamento, cuja dimensão correspondia à de um ônibus. Os riscos de detritos caso o satélite caísse na Terra eram baixos, mas a máquina armazenava cerca de mil libras de combustível hidrazina altamente tóxico em um tanque de titânio, com elevada temperatura de fusão. A Nasa informou ao presidente George W. Bush que o número potencial de vítimas em caso de uma reentrada descontrolada do satélite seria o mais alto já associado a tal evento. O presidente aprovou a Operação Burnt Frost para a derrubada do *USA-193*.

O desafio para a Marinha dos Estados Unidos era atingir um alvo mais rápido, e que voava a uma altitude mais elevada, do que a de qualquer outro atingido durante os anos de testes, a bordo do *Lake Erie*, do sistema de defesa contra mísseis balísticos Aegis. Aquilo não seria um teste. Para os norte-americanos, tratava-se de um território desconhecido. O alvo era o tanque de combustível do satélite. Um golpe de raspão talvez não bastasse. No momento do impacto, a velocidade de aproximação ultrapassava 35 mil quilômetros por hora, e a detonação foi gigantesca quando o combustível explodiu em um brilhante clarão de luz. Detritos foram lançados, mas em quantidade bem menor que a causada no ano anterior pelo KKV chinês.

Beijing e Moscou consideraram a Operação Burnt Frost uma continuação no espaço sideral da atividade militar norte-americana na Guerra Fria. A operação pode não ter sido planejada para levar os Estados Unidos à era moderna das Asats, mas o fez. A partir daquele momento, a capacidade militar do país no espaço aumentou a cada ano.

Em 2019, o governo lançou a Força Espacial (na sigla em inglês, USSF), o mais recente dos seis setores das Forças Armadas dos Estados Unidos: Exército, Marinha, Corpo de Fuzileiros Navais, Guarda Costeira e Aeronáutica. A Força Espacial conta com um general de quatro estrelas que, ao lado dos demais comandantes militares, integra o Estado-Maior Conjunto das Forças Armadas. O setor é responsável pelos satélites GPS, os quais podem detectar disparos de mísseis, e possui bloqueadores terrestres capazes de sustar transmissões feitas por satélites inimigos. E também rastreia lixo no espaço.

O orçamento da Força Espacial — cerca de 26 bilhões de dólares anuais — provavelmente aumentará em proporção direta à crescente constatação da centralidade do espaço na guerra moderna. Hoje é o menor braço das Forças Armadas, com apenas 16 mil militares e pessoal civil servindo em vários locais do país, incluindo a sede, no Pentágono, Cheyenne Mountain, no Colorado, e a base da Força Aérea, em Los Angeles. Como uma organização recente, a Força Espacial carece de uma cultura institucional forte; por outro lado, como uma "start-up" pode se beneficiar de novas ideias. Um comentário menos importante: o logotipo devia ter sido pensado com mais dedicação. É tão descaradamente semelhante ao do comando da Frota Estelar de *Jornada nas estrelas* que George Takei (também conhecido como "Sulu" — essa é para leitores mais velhos) teve que comentar: "Estamos aguardando o pagamento de direitos autoriais…". Vale ressaltar, porém, a boa aliteração existente no lema: "*Semper supra*", "Sempre acima".

A partir do momento em que a Força Espacial foi criada, seu papel foi alvo de debate. Desde o início, alguns críticos diziam que a instituição "militarizou" o espaço, mas isso não faz sentido, visto que o espaço foi militarizado no primeiro instante em que a humanidade rompeu a atmosfera. A Força Espacial foi construída a partir de unidades que já realizavam trabalhos afins no âmbito da Força Aérea dos Estados Unidos, e, como já vimos, a União Soviética e os Estados Unidos usavam satélites para espionagem recíproca durante a Guerra Fria. O mantra "O espaço é um local de guerra" pode ser agressivo, mas é a declaração de um fato.

Em termos práticos, deveria a Força Espacial ser responsável por projetar poderio militar até o espaço mais longínquo, ou apoiar serviços tradicionais de combate à guerra, por meio de vigilância, alertas antimísseis, comunicações, posicionamento e navegação? A segunda alternativa parece predominar no momento. Embora a nomenclatura — Força Espacial — evoque visões de aeronaves espaciais norte-americanas disparando lasers contra bunkers inimigos na Lua, é mais provável que setores muito maiores das Forças Armadas vençam as inevitáveis guerras territoriais e mantenham o controle da dimensão abertamente ofensiva da guerra espacial.

Em 2023, no entanto, a Força Espacial exigiu que seu papel fosse mais, digamos, "assertivo". O general B. Chance Saltzman, chefe de Operações Espaciais, escreveu um documento argumentando que "a responsabilidade de lutar pela superioridade espacial com força militar é o motivo pelo qual somos um setor, não uma comunidade funcional". Além disso, afirmou que a Força Espacial precisava ser capaz de atingir os adversários, mas de uma maneira que não criasse uma "vitória de Pirro", produzindo enormes quantidades de detritos espaciais. O documento também pedia que os satélites militares dos Estados Unidos tivessem sistemas de defesa a bordo.

Em junho, o major-general David Miller, da Força Espacial, respondeu ao documento com uma declaração em uma conferência on-line, dizendo que seu ramo das Forças Armadas precisava ser capaz de desenvolver uma ampla gama de armas ofensivas e defensivas. No mês seguinte, o tenente-general John Shaw, vice-comandante do Comando Espacial dos Estados Unidos, revelou que a Força Espacial estava trabalhando para poder manobrar satélites com frequência a fim de manter um melhor controle em relação aos seus adversários. Ele se referia à órbita geossíncrona, onde o Pentágono mantém seus recursos espaciais mais sensíveis. Os satélites militares de lá foram construídos para durar décadas, mas têm um suprimento limitado de combustível, o que restringe a capacidade de manobra. Shaw argumentou que essa abordagem não funciona na era atual. Entre as soluções sendo consideradas estão os satélites com portas de combustível para reabastecimento. "Essa pode ser a mudança doutrinária mais fundamental que provavelmente veremos nos próximos quatro ou cinco anos", disse Shaw.

Os chineses, óbvio, também estão explorando suas opções, mas em termos militares os Estados Unidos detêm clara liderança sobre a China no espaço — por enquanto. Em 2021, o general David D. Thompson, também da Força Espacial dos Estados Unidos, alertou:

> Basicamente, eles estão construindo, pondo em campo e atualizando seu poderio espacial em média duas vezes mais rápido que nós, o que significa que, muito em breve, se não começarmos a acelerar nosso desenvolvimento e nossos resultados, eles vão nos ultrapassar.

O prazo contemplado era 2030. A previsão do general Thompson pode se revelar correta, mas a China ainda tem um longo caminho a percorrer antes de chegar perto da capacidade dos Estados Unidos. O orçamento para a atividade espacial militar chinesa é opaco, mas provavelmente bem menor que o dos Estados Unidos. No início de 2023, havia aproximadamente 4900 satélites ativos em órbita; quase 3 mil deles norte-americanos e cerca de quinhentos, chineses.

Washington está investindo pesadamente em satélites de alerta que se valem de sensores para detectar os sinais de calor infravermelho provenientes de mísseis balísticos e hipersônicos. Após a detecção, tais satélites transmitem os dados com segurança para centros de comando militar na Terra. E fazem parte da "Camada de Rastreamento" via satélite que os Estados Unidos estão construindo na órbita terrestre baixa. Até 2028, a expectativa é dispor de cem desses satélites, formando um escudo defensivo contra ataques de mísseis manobráveis de alta velocidade.

Recursos também estão sendo destinados ao desenvolvimento de armas a laser a serem utilizadas no espaço. A Marinha dos Estados Unidos conta com versões de um sistema de armas a laser desde 2014, mas em 2022 essa capacidade armamentista mostrou ter avançado quando a instituição recorreu, com sucesso, a uma arma a laser totalmente elétrica e de alta energia para abater um míssil de cruzeiro em alta velocidade. Um feixe invisível de energia atingiu o míssil e, depois de apenas alguns segundos, partes dele exibiram um brilho alaranjado; então, o motor começou a expelir fumaça, e o míssil despencou. Uma vez construído o sistema, o "tiro mortal" em si custa poucos dólares em eletricidade. Por comparação, um único míssil guiado pode custar dezenas e até centenas de milhares de dólares. Até onde se sabe, lasers só são utilizados na Terra, mas se algum país armar seus satélites com eles, outros seguirão o exemplo.

Uma área que vai crescer é a dos "secretos, mas nem tão secretos" aviões espaciais reutilizáveis. A Força Espacial opera a aeronave não tripulada *X-37B*, que passou mais de dois anos no espaço, supostamente em sua sexta missão. A maior parte do que a aeronave fez durante tanto tempo é confidencial, mas é improvável que a declaração insípida expedida pela Força Espacial — de que a iniciativa envolve "um programa de teste experimental para verificar a eficácia de tecnologias a serem utilizadas em uma plataforma de testes espaciais confiável, reutilizável e não tripulada" — amenize as alegações chinesas e russas de que se trata de uma arma. A certa altura da operação, o chefe da agência de defesa russa afirmou que o avião carregava três bombas nucleares que, uma vez em órbita, poderiam ser lançadas contra Moscou.

A incompatibilidade dessa ideia tanto com a física quanto com estratégias militares a coloca em algum ponto da escala entre o implausível e o insensato. Outra alegação, de que o *X-37B* estava sendo usado para espionar a Rússia, é menos implausível, mas mesmo assim é difícil vislumbrar o que a aeronave poderia fazer que os satélites não podem. É provável que o *X-37B* tenha um aspecto militar, mas esconder armas nucleares a bordo antes de decolar, usando milhares de galões de combustível de foguete, é improvável. Não sei o que o avião faz. Mas eu quero um.

O que quer que esteja acontecendo na Força Espacial, eles estão mirando alto. Em 2020, um documento definiu os limites geográficos da proteção dos interesses espaciais dos Estados Unidos. E o texto sugere que não há limites:

> Até agora, os limites da missão mantêm-se nas proximidades da Terra, dentro do alcance geoestacionário (35785 quilômetros). Com as novas operações nos setores público e privado dos Estados Unidos estendendo-se ao espaço cislunar, o alcance da esfera de interesse da USSF se estenderá por 438 mil quilômetros e além — um incremento de mais de dez vezes em termos de alcance.

E a abrangência desse "e além" é infinita.

Esse documento demonstra claramente que, embora antes a esfera de atuação pertencesse à Nasa, agora pertence também aos militares. Se a concorrência pretende se fazer presente, a Força Espacial estará igualmente presente, mas a área é imensa. Vigiar satélites na órbita terrestre baixa já é bastante difícil, mas agora os principais atores também tentarão ver o que os rivais estão fazendo entre a órbita terrestre baixa e a Lua.

As duas estão estrategicamente ligadas. O controle total da órbita terrestre baixa por uma nação pode, teoricamente, ser empregado para impedir que outras nações realizem viagens ao espaço cislunar; e, devido às vastas distâncias envolvidas, radares e telescópios baseados na Terra não conseguem monitorar todo o tráfego entre as duas. Por enquanto, os equipamentos basicamente rastreiam o que está na órbita terrestre baixa. Tampouco dispõem de capacidade para avistar a face oculta da Lua, até a região do segundo ponto de Lagrange (L2), onde o satélite chinês possibilita a supervisão permanente do lado oculto da Lua, local em que o país considera construir uma base.

O posicionamento de satélites militares a centenas de milhares de quilômetros no espaço concederá vantagens a quem o fizer primeiro. O objetivo expresso desses satélites talvez seja monitoramento, mas os países concorrentes ficariam preocupados com a possibilidade de tais equipamentos estarem armados e dispararem contra outros satélites, ou até mesmo contra espaçonaves. Não faz muito sentido construir uma base na Lua se um concorrente impossibilitar a viagem de ida e volta.

A Força Espacial é ambiciosa. Afirma que vai construir o Sistema de Patrulhamento da Via Cislunar — a sigla em inglês, CHPS, provavelmente remonta a uma série de TV sobre guardas de trânsito extremamente popular e extremamente cafona exibida na década de 1970, mas felizmente para a Força Espacial a maioria das pessoas não vai se lembrar disso. O CHPS envolverá uma nave espacial patrulhando "muito além da multidão" e fornecerá "defesa nacional crítica para a Lua e além". Esses "policiais celestes" poderão acumular uma série de responsabilidades. Pretende transportar uma carga pesada de metais preciosos? Podemos escoltá-la, senhora. Direção perigosa? Pare no acostamento, senhor. Satélite fora de controle viajando em alta velocidade? Melhor exibir a sinalização de perigo.

Teoricamente, a situação não se estenderia à Lua, porque o Tratado do Espaço Sideral determina: "O estabelecimento de bases militares, instalações e fortificações, o teste de qualquer tipo de arma, bem como a realização de manobras militares em corpos celestes são proibidos". No entanto, o mesmo tratado permite "o uso de pessoal militar para investigação científica ou quaisquer outros fins pacíficos" e autoriza o emprego de "qualquer equipamento ou instalação necessário para a exploração pacífica da Lua". A partir desse ponto, não será difícil argumentar que os oficiais militares vinculados à Nasa, conduzindo experimentos científicos na Lua, precisam de meios para se defender, uma vez que a situação atual é ______ (inserir aqui a situação atual de qualquer ano de crise).

É difícil acreditar que as Três Grandes espaciais não tenham estudos de viabilidade sobre a construção de bases militares na Lua. Afinal, durante a Guerra Fria, tanto os soviéticos como os norte-americanos analisaram as possibilidades. Um documento "secreto" liberado pelo lado norte-americano discute a construção de uma base militar subterrânea para abrigar um sistema lunar de bombardeio da Terra. Algo semelhante não parece constar das atuais táticas das Três Grandes, mas se algum país passar a ocupar posições estratégicas na Lua, onde haja água, hélio, titânio e outras riquezas, e depois mandar outros países recuarem, um impasse militar seria provável. Acordos bem definidos e procedimentos capazes de construir confiança são urgentemente necessários. Sem eles, o ideal — a Lua para todos nós — será reduzido à poeira lunar sob os pés de uma nova geração de astronautas, cosmonautas e taikonautas.

A Nasa — apoiada pela Força Espacial — está agora voltando à Lua. Existe interação entre as atividades militares e civis norte-americanas relacionadas ao espaço, mas ambos os setores tentam manter a maior parte delas em separado. Em se tratando de astronautas, porém, o conjunto de candidatos devidamente qualificados é limitado, e assim, tradicionalmente, a maioria vem do Exército, e é composta por homens. No entanto, em 2020 a equipe de astronautas da Nasa destinada à missão Ártemis de retorno à Lua refletiu os esforços da agência para diversificar a formação dos candidatos. Dos dezoito indivíduos indicados, apenas dez eram militares da ativa, nove eram mulheres e quatro eram negros ou pardos. A intenção é que a primeira mulher e a primeira pessoa não branca a pisarem na Lua sejam norte-americanas.

Cor da pele e sexo não são as únicas diferenças em relação à última vez que os humanos estiveram lá. Outra diferença é o poder da computação. Quando Armstrong deu o primeiro passo e Cernan o último, os computadores usados para levá-los até a Lua eram milhões de vezes menos poderosos que um smartphone hoje. Mas talvez a maior diferença seja que dessa vez vamos até lá para ficar.

Os astronautas percorrerão a maior parte do caminho até a Lua na espaçonave *Órion*, posicionada no topo do Sistema de Lançamento Espacial (na sigla em inglês, SLS) — o foguete mais poderoso que a Nasa já construiu. O equipamento compete com a nave *Starship*, da SpaceX, e, embora a Nasa relute em desistir de seu "bebê gigante", o rival foi projetado para ser reutilizável, sendo, portanto, mais barato. O plano é construir uma plataforma orbital lunar, a Estação Espacial Gateway, próxima à Lua e utilizá-la como estação de acoplamento para a *Órion*. O Gateway é um empreendimento conjunto entre a Nasa, a Agência Espacial Europeia e as agências espaciais japonesa e canadense. Os módulos serão entregues, em diversas missões, pelos foguetes pesados *Falcon* da SpaceX. Na estação, os astronautas podem embarcar na nave do Sistema de Pouso Humano e realizar a viagem até a superfície da Lua. A viagem de volta inverte o processo.

O Gateway é a chave do plano. Ficará posicionado em uma órbita extremamente elíptica ao redor da Lua. Isso significa que, às vezes, estará relativamente próximo à superfície lunar, facilitando missões de pouso; em outros pontos na órbita, o Gateway se aproximará da Terra, facilitando o embarque de astronautas e suprimentos provenientes do nosso planeta. Se o método funcionar, pode ser repetido na implementação do plano para levar seres humanos a Marte. A ideia é diminuir a dependência em relação à Terra.

O Gateway contará com um módulo — o Posto Avançado de Habitação e Logística (na sigla em inglês, Halo) —, onde astronautas poderão viver e realizar experimentos científicos durante até noventa dias enquanto fizerem visitas à Lua. O Halo também será usado como sistema de comunicação entre a Terra e a Lua, e para controlar veículos robóticos espaciais.

Um dos experimentos mais importantes a bordo do Halo será a aferição de níveis de radiação. Tão logo ultrapassam o campo magnético da Terra, os astronautas ficam expostos a partículas de alta energia que podem aumentar o risco de câncer e prejudicar o sistema nervoso central. A ISS está em órbita terrestre baixa, o que reduz a quantidade de radiação a que estão sujeitos os astronautas que lá trabalham. Mas o Gateway enfrentará níveis bem mais elevados de radiação. Será construído para proteger quem viver em seu interior, mas também irá obter medições precisas de radiação durante longos períodos e de seus efeitos potenciais no corpo humano.

Até 2030, o Gateway deverá estar construído, os testes completados e os primeiros astronautas desembarcados na Lua. O cronograma do programa Ártemis foi descumprido algumas vezes, mas o lançamento bem-sucedido da missão não tripulada Ártemis I, no final de 2022, significou que o foguete de carga pesada SLS passou em seu primeiro teste com louvor. A espaçonave *Órion* transportada pelo SLS viajou 64 mil quilômetros além da Lua, quebrando a distância recorde para uma nave projetada para transportar seres humanos. No mesmo ano, a espaçonave *Capstone*, do tamanho de um aparelho de micro-ondas, lançada pela Nasa chegou em uma órbita elíptica ao redor da Lua para auxiliar na determinação do local de construção do Gateway.

O local de pouso lunar ainda não foi escolhido, mas espera-se que seja próximo ao polo Sul. Seria algo inédito, pois os astronautas da missão

Apollo não chegaram perto de nenhum dos polos. Os cientistas ainda estão em busca do melhor lugar para situar o acampamento-base do programa Ártemis, que a princípio hospedaria os astronautas por alguns dias, mas em algum momento se tornaria uma base lunar completa, com alojamentos, escudos contra radiação, sistemas de comunicação, infraestrutura de energia, veículos e pista de pouso.

Levando em conta a quantidade de tempo que os astronautas precisarão permanecer na superfície e as enormes oscilações de temperatura verificadas entre áreas ao sol e à sombra, a Nasa tem trabalhado com empresas privadas para projetar uma nova geração de trajes espaciais, veículos e câmeras. Os primeiros trajes espaciais norte-americanos foram aperfeiçoados a partir de roupas utilizadas em voos de grande altitude. Cada versão subsequente baseou-se na anterior, e a geração mais recente de trajes marca um avanço significativo em relação aos atualmente usados para caminhadas espaciais fora da ISS. A Nasa os chama de Unidades de Mobilidade Extraveicular para Exploração (ou, na sigla em inglês, XEMUS), embora Trajes Espaciais Ártemis fosse um nome mais simples.

À primeira vista, as roupas fazem lembrar as utilizadas na Apollo, como as que vimos Buzz Aldrin e Neil Armstrong usando, mas as XEMUS são muito menos restritivas. O traje melhorou significativamente no quesito movimentação das pernas, da cintura e dos braços, permitindo ao usuário realmente caminhar na Lua (versus o desajeitado "pulo de coelho") e suspender objetos acima do capacete. Os trajes anteriores absorviam o dióxido de carbono exalado até atingirem o ponto de saturação; a nova versão irá absorvê-lo e bombeá-lo para o espaço. Graças à eletrônica miniaturizada, a mochila abrigará duplicatas dos principais recursos de segurança e emitirá avisos sonoros e luminosos em caso de falhas. O sistema de comunicação no interior do capacete foi completamente reformulado e incluirá uma câmera HD e microfones ativados por voz, conectados a um link de dados de alta velocidade — "Nasa, toque 'Homeward Bound', de Simon e Garfunkel".

Os trajes podem suportar radiações e temperaturas de –150°C a 120°C e são projetados para fornecer suporte vital completo por seis dias em caso de emergência. A Nasa os descreve como "naves espaciais personalizadas". Mas, apesar de toda essa "tecnomagia" do século XXI, nossos intrépidos exploradores ainda terão que usar fraldas.

Os novos veículos também foram projetados para não vazar. Chamados de Veículos de Exploração Espacial (ou, na sigla em inglês, SEVS), não se parecem em nada com o Jipe Lunar, o veículo equivalente usado no século XX. Os novos modelos terão cabines pressurizadas que permitem que dois astronautas percorram longas distâncias, a dez quilômetros por hora, sem precisar usar trajes espaciais, para depois vesti-los e saírem para caminhadas.

Tudo isso custa. Muito. Mas, comparado aos gastos com a Guerra Fria, é barato. Na década de 1960, as despesas anuais da Nasa atingiram 4% do orçamento federal; hoje correspondem a cerca de 0,5%. A diferença é que valeu a pena pagar aquele preço para vencer os soviéticos na corrida até a Lua. Os gastos também caíram, à medida que a Nasa passou a adquirir serviços de empresas privadas que inovaram e reduziram os custos de lançamento de foguetes.

Todas as etapas do programa Ártemis, desde o foguete de lançamento até os veículos de exploração espacial, envolvem colaboração com empresas privadas. Algumas se contentam com um papel coadjuvante na exploração espacial, mas várias pretendem ter suas próprias missões e subsequentes empreendimentos com fins lucrativos.

A SpaceX ganhou o contrato da Nasa para construir o módulo de pouso lunar que desembarcará astronautas na Lua a partir do Gateway. E já transporta astronautas norte-americanos para a ISS. Em 2010, tornou-se a primeira empresa privada a lançar, operar e resgatar uma nave espacial. Dois anos depois foi a primeira empresa privada a lançar uma nave que aportou na ISS. Em 2020, lançou o *Starlink*, que, conforme vimos no capítulo 4, fornece sinais de banda larga e tornou-se a maior constelação de satélites. No ano seguinte, foi a primeira empresa a levar astronautas não profissionais ao espaço. Quando um foguete da SpaceX é lançado, o primeiro estágio cai cerca de dez minutos depois e geralmente pousa, pronto para ser reutilizado. A empresa reduziu de forma significativa o custo do lançamento de foguetes e provou que start-ups podem competir com empresas de grande porte, como a Boeing.

Elon Musk tem planos. Grandes planos. Como vimos, eles incluem colocar astronautas em Marte — em breve. Por que ir a Marte? De acordo com Musk, "há muitas coisas que deixam as pessoas tristes ou deprimidas diante do futuro, mas acho que nos tornarmos uma civilização espacial é algo que deixa as pessoas animadas com o futuro".

Muita gente discorda. O eminente astrofísico Martin Rees não é contra o envio de naves espaciais a Marte, mas não considera isso uma prioridade. Ao jornal *Guardian*, afirmou que as ideias de Musk são uma "ilusão perigosa [...], lidar com as mudanças climáticas na Terra é moleza comparado a tornar Marte habitável".

Jeff Bezos também discorda, e tem planos diferentes. O ex-CEO da Amazon e fundador da Blue Origin quer construir cidades, embora localizadas mais "perto de casa". Bezos argumenta que os planetas não são o melhor lugar para nossa expansão populacional; em vez disso, ele pretende construir cidades gigantescas e providas de abóbadas para orbitar a Terra.

No curto prazo, a Blue Origin projetou uma nave de desembarque e espera que a Nasa a utilize tão logo a base lunar seja estabelecida. A empresa já está em operação, transportando turistas ao espaço a bordo de seu foguete reutilizável *New Shepard*, cujo nome homenageia o primeiro norte-americano no espaço, Alan Shepard. O próprio Bezos fez a viagem, assim como William Shatner, o capitão Kirk de *Jornada nas estrelas*, que aos noventa anos se tornou a pessoa mais velha a alcançar tais altitudes. Ao retornar, Shatner chorou emocionado, descrevendo a viagem como sua "experiência mais profunda".

O enorme foguete *New Glenn* (em homenagem a John Glenn), da Blue Origin, é projetado para transportar até 45 toneladas de carga à órbita terrestre baixa, para clientes pagantes, e não resta dúvida de que Bezos tem planos que vão além disso. Em dado momento, mencionou um foguete *New Armstrong* (com trocadilho, por favor).

A Virgin Galactic, de Richard Branson, chegou ao espaço poucos dias antes da Blue Origin, embora Bezos não aceite o fato. O foguete de Branson, lançado de um avião, levou-o à altitude de cerca de 83 quilômetros — pouco acima do que a Nasa define como limite da Terra — e o *New Shepard* subiu a cem quilômetros, acima da linha de Kármán, altitude aceita como espaço sideral pela Federação Aeronáutica Internacional. Portanto, ambas as empresas estão certas, dependendo de onde se trace a linha limítrofe.

A Virgin Galactic está se concentrando no turismo suborbital. A cerca de 450 mil dólares por voo, a clientela é pequena, mas devidamente abastada. Se Branson estiver correto, existem multimilionários suficientes para a empresa obter lucro e instituir uma redução de tarifas para o mercado de massa. A previsão pode parecer otimista, mas foram só pouco mais de dez anos entre o primeiro voo dos irmãos Wright, em 1903, e o primeiro serviço regular de transporte aéreo de passageiros, em 1914 (na Flórida), e apenas outras quatro décadas até que mais norte-americanos viajassem de avião do que de trem.

A Virgin Galactic e a Blue Origin agora têm uma concorrente no turismo espacial. A Sierra Space é a novata na plataforma de lançamento, com seu avião espacial *Dream Chaser*, que a princípio será usado como nave de abastecimento para a Nasa, mas futuramente poderá nos proporcionar as férias dos sonhos — ou pesadelos, dependendo do espírito de cada um.

Essas empresas ilustram bem o quanto estamos em plena era espacial comercial. Acessar o espaço em veículos construídos por e pertencentes a empresas particulares é uma mudança de paradigma. A iniciativa privada não está mais apenas tentando lucrar com atividades relacionadas a satélites, mas vislumbra também o turismo espacial, os serviços de transporte de longa distância, a mineração na Lua e em asteroides, além da impressão 3D em gravidade zero.

Em 2010, a Made In Space, Inc. (MIS) era uma start-up californiana que ocupava apenas duas salas. Quatro anos depois, uma impressora MIS Zero-G foi transportada até a ISS, onde o astronauta Barry "Butch" Wilmore desempacotou-a e imprimiu a primeira peça fabricada no espaço. Tudo bem, era apenas o painel frontal para a própria impressora, mas foi a peça pioneira. Mais tarde, Wilmore constatou que precisava de uma chave-catraca específica. Na Terra, a MIS digitou algumas linhas de código e transmitiu-as à ISS, onde Wilmore realizou a impressão da ferramenta. A MIS firmou agora um contrato de 74 milhões de dólares com a Nasa para imprimir no espaço grandes vigas de metal em 3D. É muito mais barato que transportar as vigas até lá.

A MIS é uma das mais de 5 mil empresas norte-americanas cujas atividades se relacionam com o espaço. Tais empresas tendem a ser mais inovadoras que as entidades estatais e mais dispostas a assumir riscos. A iniciativa privada conseguiu reduzir drasticamente os custos das viagens espaciais, o que, por sua vez, ajudou a Nasa a sonhar alto.

A Nasa sempre colaborou com empresas comerciais, mas a grande quantidade de start-ups e suas ambições elevaram essa colaboração a outro patamar. A agência espacial norte-americana assinou contratos com várias empresas estabelecendo que pagará pela coleta de solo lunar. O pagamento é insignificante — uma empresa pediu US$ 1 para ganhar o contrato —, mas os negócios beneficiam ambos os lados. As empresas colocam em prática a extração de recursos e a Nasa estabelece o que então argumentará que são normas comerciais e legais para operar comercialmente na Lua.

No final de 2022, a empresa japonesa ispace lançou seu módulo lunar no topo de um foguete da SpaceX a caminho do polo Sul lunar, com o objetivo de pesquisar a existência de água congelada. A Nasa subscreveu os direitos de "apropriar-se" de tudo o que for encontrado, medida que novamente levanta a questão de quem é o dono da Lua. Japão, Emirados Árabes Unidos e Luxemburgo aprovaram legislação que permite às suas empresas se envolverem em tais transações, e os norte-americanos aprovaram uma lei nesses termos, em 2015, durante o governo Obama. As empresas privadas, até o momento, não dispõem de planos adiantados para a construção de suas próprias bases lunares, mas presumivelmente firmas norte-americanas, chinesas e russas se beneficiariam de quaisquer bases "soberanas" construídas por seus respectivos países.

A NASA ESTÁ DESENVOLVENDO uma série de projetos menores, tais como a vela de propulsão solar para exploração robótica do espaço mais longínquo, além de sistemas de comunicação a laser, mas o foco está no programa Ártemis, no Gateway e na base lunar.

É provável que a base seja construída antes que a discussão sobre "por que" os Estados Unidos deveriam voltar à Lua chegue ao final. Mas, do jeito que as coisas estão, as realidades da geopolítica e, agora, da astropolítica indicam que tanto os Estados Unidos como a China avançarão ao próximo estágio da rivalidade entre grandes potências. Se um deles não o fizer, então o caminho estará aberto para o outro "apropriar-se" da Lua. A água lunar e os metais de terras raras lá encontrados não constituem recursos renováveis.

Já se passou muito tempo desde a última vez que os norte-americanos estiveram na Lua. As seis bandeiras dos Estados Unidos plantadas na superfície lunar estão agora desbotadas pelos raios do Sol. O Orbitador de Reconhecimento Lunar da Nasa avistou cinco bandeiras ainda de pé em 2012; a fincada pela *Apollo 11* foi derrubada quando Aldrin e Armstrong decolaram. As bandeiras são feitas de nylon e provavelmente se desintegrarão dentro de mais algumas décadas. Deveríamos recuperar a bandeira da *Apollo 11* e colocá-la em um museu, e também encontrar as pegadas de Armstrong e preservá-las. Agora há um motivo para voltar.

Falei da Rússia?

CAPÍTULO 7

Rússia em retrógrado

A Terra é o berço da humanidade, mas não
podemos ficar para sempre no berço.
KONSTANTIN TSIOLKOVSKY, "pai da cosmonáutica"

TAKE THE
HOLE

A espaçonave russa *Soyuz TMA-14M* após pousar perto da cidade de Zhezkazgan, no Cazaquistão, em 12 de março de 2015.

A Rússia já demonstrou que é capaz de disparar foguetes e está disposta a fazê-lo em áreas civis densamente povoadas, mas a reputação mundial do país quanto à capacidade de lançar foguetes ao espaço parece claudicar. As duas coisas estão ligadas.

Em fevereiro de 2022, no mesmo dia em que forças russas invadiram a Ucrânia, o governo norte-americano anunciou sanções de larga escala contra Moscou. Entre elas constavam aquelas destinadas a "degradar a indústria aeroespacial russa, incluindo o programa espacial" por meio de embargos que contemplavam semicondutores, lasers, sensores e equipamentos de navegação.

Dmitry Rogozin, então chefe da Roscosmos, a agência espacial russa, não se deixou impressionar. A Rússia e os Estados Unidos vinham colaborando na ISS desde 1998, mas em uma mensagem no Twitter destinada aos seus 800 mil seguidores ele disse: "Se vocês bloquearem a cooperação conosco, quem salvará a ISS de um descontrole orbital e de uma queda em território dos Estados Unidos ou da Europa?". Os russos controlam a propulsão necessária para evitar que a estação caia na Terra, enquanto os norte-americanos fornecem o sistema de suporte à vida.

A reação foi típica. Anteriormente, Rogozin havia demonstrado suas credenciais nacionalistas, sugerindo que astronautas norte-americanos tentassem chegar à ISS usando trampolins, em vez dos foguetes russos por eles utilizados já há alguns anos. Um dia depois que as sanções foram impostas ele trocou de veículo, dizendo: "Que eles voem em outra coisa: suas vassouras".

A norte-americana SpaceX reagiu. A empresa de Elon Musk já estava trabalhando para disponibilizar para a Ucrânia seu serviço de internet via satélite — Starlink —, como vimos. Em 9 de março, quando um foguete *Falcon 9*, da SpaceX, transportando um lote de satélites, estava a poucos segundos da decolagem, os espectadores da transmissão ao vivo do evento ouviram a voz da diretora de lançamento, Julia Black, dizer à equipe: "Chegou a hora de fazer a vassoura norte-americana voar e ouvir os sons da liberdade".

Rogozin chamou o veterano astronauta norte-americano Scott Kelly de idiota, insinuou que a Rússia poderia abandonar um astronauta da Nasa na ISS e publicou imagens de técnicos colando a bandeira dos Estados Unidos com fita adesiva em um foguete *Soyuz*. Kelly devolveu: "Sem essas bandeiras e o ganho internacional que elas propiciam, o programa espacial de vocês não vale nada. Talvez você possa arrumar emprego no McDonald's, se o McDonald's ainda existir na Rússia". Não existe mais.

Por um lado foi uma coisa meio pastelão, mas, por outro, estávamos vendo décadas de parceria em questões espaciais se esfacelando, o fim de uma relação que foi benéfica para a ciência, para a manutenção da paz e para o bem da humanidade. As fissuras geopolíticas no espaço estavam sendo redesenhadas. Os acontecimentos de 2022 tornam mais provável que a Rússia se afaste da exploração e concentre-se na utilização militar do espaço. Os mesmos eventos também aceleraram a divisão da atividade espacial em dois blocos políticos: um liderado pela China, outro pelos Estados Unidos.

As repercussões foram generalizadas. No rescaldo imediato da invasão da Ucrânia e das sanções subsequentes, Moscou declarou que não mais venderia motores de foguete para os Estados Unidos; o golpe foi amortecido pelos norte-americanos, que já estavam deixando de depender da Rússia para a maioria das questões relacionadas com o espaço. A Rússia também anunciou que deixaria de cooperar com a Alemanha em experiências científicas conjuntas levadas a termo a bordo da ISS. Os alemães suspenderam toda a colaboração científica com a Rússia, incluindo o desligamento de um telescópio espacial de construção alemã que, graças a um projeto russo-alemão, procurava buracos negros.

A Roscosmos, então, interrompeu o lançamento de foguetes *Soyuz* do espaçoporto europeu na Guiana Francesa e retirou sua força de trabalho de lá. O Centro Espacial da Guiana é o lugar de onde missões de alto nível, tais como o telescópio *James Webb*, eram lançadas. A suspensão atrasou o programa ExoMars, da Agência Espacial Europeia (ESA), que se destinava a enviar uma missão ao Planeta Vermelho. A ESA encerrou oficialmente seu relacionamento com a Roscosmos no dia 12 de julho de 2022 e passou a procurar uma nova maneira de partir para Marte. A gota d'água pode ter acontecido alguns dias antes, quando a Roscosmos publicou fotos de cosmonautas a bordo da ISS segurando bandeiras de duas regiões da Ucrânia ocupadas pelas forças russas.

A Roscosmos também anunciou que não lançaria 36 satélites para a OneWeb, com sede em Londres, a menos que houvesse a garantia de que não seriam utilizados para fins militares. Os satélites deveriam ser lançados do cosmódromo de Baikonur, administrado pela Rússia, no Cazaquistão. A Rússia também exigiu que "integrantes do governo britânico fossem retirados do grupo de acionistas da OneWeb" (o Reino Unido tinha auxiliado a empresa a escapar da falência, em 2020). A OneWeb recusou-se a fazê-lo e informou que suspenderia todos os lançamentos previstos. Então, a SpaceX, apesar de ser concorrente, ajudou a OneWeb a lançar seus satélites.

Houve muitos perdedores nesse triste episódio "olho por olho", incluindo Dmitry Rogozin, que foi demitido da Roscosmos poucos dias após o rompimento de relações com a ESA. Mas os maiores perdedores foram a Rússia e seu programa espacial, que se mostra propenso a declinar.

O país já vinha perdendo participação no mercado, diante da concorrência na venda de motores de foguetes, em serviços de lançamento de satélites e no transporte de astronautas até a ISS. Depois que a frota de ônibus espaciais dos Estados Unidos foi aposentada em 2011, a Nasa dependeu de caronas na nave *Soyuz* para chegar até a ISS (daí a piada de Rogozin sobre "vassouras"). Mas, a partir de 2020, a Nasa também teve a opção dos *Dragons*, da SpaceX, para empreender a viagem.

Devido à situação singular a bordo da ISS, as relações de trabalho tiveram de ser mantidas, mesmo em meio a todo o furor; mas a Rússia já não parece interessada em ajudar a Nasa a estender a validade operacional da estação até 2030. No verão de 2022, Moscou anunciou que deixaria a ISS em 2024, porém, em abril do ano seguinte, voltou atrás na decisão e disse que a cooperação se estenderia até 2028.

Dado o péssimo estado das relações atuais entre Moscou e Washington, é bastante improvável que a Nasa convide a Roscosmos para colaborar no projeto da plataforma lunar Gateway liderado pelos Estados Unidos, e empresas norte-americanas tampouco se apressarão em estabelecer parceria com os russos nas múltiplas estações espaciais comerciais ora em fase de desenvolvimento conceitual.

A Rússia está isolada da maior parte do que se refere a cooperação, financiamento e expertise espaciais do nosso planeta, justo no momento em que o setor está se expandindo mais depressa do que o faz há décadas. E, após a invasão da Ucrânia, mais de 1 milhão de russos fugiram do país, inclusive milhares de engenheiros, especialistas em computação e cientistas. Não se sabe o quanto isso já afetou o programa espacial russo, mas sem dúvida afetará. Nas semanas que se seguiram ao início da guerra, vários relatórios não confirmados sugeriram que a Roscosmos havia proibido seus funcionários de irem para o exterior e que os guardas de fronteira tinham sido instruídos a impedir que certas classes de cientistas deixassem o país. Em 2023, os telespectadores russos assistiram a vídeos de recrutamento na televisão, incluindo um que dizia: "A Corporação Estatal Roscosmos convida você a se juntar ao batalhão de voluntários de Uran, em que você será treinado para a vitória nesta grande guerra". "*Uran*" é a palavra russa para Urano. Depois disso, os governos norte-americano e britânico propuseram uma legislação para facilitar que os cientistas russos, inclusive os do setor espacial, obtivessem vistos de trabalho e permissões para residência permanente.

Os melhores dias da cosmologia russa parecem ter ficado para trás; o futuro do país talvez seja como membro júnior da parceria sino-russa. Foi-se o tempo em que a Estrela Vermelha brilhava tão intensamente no firmamento da ciência e das conquistas humanas.

Os soviéticos realizaram uma sequência de feitos pioneiros impressionantes, do *Sputnik* ao primeiro homem no espaço, e mesmo depois de terem perdido a corrida para chegar à Lua deram seguimento às façanhas espaciais. Prosseguiram com a jornada até Vênus e Marte, e chegaram à órbita terrestre baixa para construir uma série de estações espaciais, incluindo a primeira de todas, Salyut 1, em 1971, ao mesmo tempo que se concentravam em tecnologias capazes de permitir presença humana a longo prazo no espaço. Mas o sucesso não duraria.

A União Soviética foi dissolvida no final de 1991, e no início do ano seguinte o programa espacial soviético foi substituído pela Agência Espacial Federal Russa, que depois se tornou a Roscosmos. Com a economia em crise, o governo fez cortes severos no orçamento espacial ao longo da década de 1990, apesar do seu papel de liderança na ISS.

E tal liderança não tem sido serena nem brilhante. Vários incidentes envolvendo a ISS recentemente deixaram indignados os parceiros da Rússia.

Em 2018, a agência de notícias estatal russa Tass publicou um artigo inusitado sobre a astronauta norte-americana Serena Auñón-Chancellor. Sem oferecer qualquer prova, o artigo acusou-a de ter sofrido uma "crise psicológica aguda" a bordo da ISS e aberto um buraco na cápsula *Soyuz* acoplada. A razão? De acordo com a reportagem difamatória da Tass, porque o buraco causaria a lenta despressurização de toda a estação, determinando o retorno imediato da astronauta à Terra.

De fato havia um buraco, e foi remendado. Onde e quando teria sido causado não ficou estabelecido, deixando aberta a possibilidade de ter ocorrido em solo. Mas a ideia de que uma astronauta norte-americana, em pleno espaço, tivesse propositadamente aberto o buraco era mais que ridícula, e sugeria que alguém em algum lugar estava tentando transferir a culpa. Os russos chegaram a enviar dois membros da tripulação em uma caminhada espacial, no intuito de recolher "provas" — as versões cosmonautas dos detetives Clouseau e Poirot levaram consigo facas e cortaram um pedaço do isolamento térmico externo da *Soyuz* para investigar a "cena do crime". O relatório oficial russo sobre o incidente não foi divulgado.

Em 2021, houve uma ocorrência ainda mais perigosa. A boa notícia: o módulo-laboratório russo *Nauka*, pesando vinte toneladas, acoplou-se com sucesso à ISS. *Nauka* significa "ciência" em russo, e o módulo propiciou à Roscosmos grande e nova capacidade experimental (além de mais um banheiro). A má notícia: três horas depois da acoplagem, os propulsores do *Nauka* dispararam, fazendo a estação dar uma cambalhota. Os controles da missão nos Estados Unidos e na Rússia uniram-se e acionaram propulsores no outro lado da estação, com o objetivo de restabelecer o controle. A emergência durou quase uma hora e só terminou quando o *Nauka* ficou sem combustível. A Roscosmos falou pouco sobre o incidente, mas acabou culpando o equipamento construído na Ucrânia utilizado nos tanques de propulsão do *Nauka*.

Nenhum desses dois eventos, no entanto, equiparou-se ao já mencionado incidente de 2021, quando a Rússia destruiu um de seus satélites obsoletos, provocando o envio de detritos espaciais em direção à ISS. A comunidade espacial internacional alinhou-se e condenou a ação russa. Todos esses acontecimentos coincidiram com a deterioração da cooperação entre a Rússia, os Estados Unidos e as potências europeias. A curva do relacionamento já estava em declínio mesmo antes da tomada da Crimeia pela Rússia, em 2014, mas a anexação do que legalmente permanece como território ucraniano acelerou a trajetória.

O presidente Putin não esconde seu desejo de reverter os efeitos do colapso da União Soviética, entidade que ele descreve como "outro nome para a Rússia". Com todos os países do antigo Pacto de Varsóvia aderindo à Otan na primeira oportunidade, ele observou alarmado algo que, em sua opinião, configurava o avanço da Otan em direção às fronteiras da Rússia.

Neste século, Putin tem trabalhado para restaurar a Rússia como potência mundial, principalmente por meio do poderio militar do país. Depois que a União Soviética foi dissolvida, Moscou criou as Forças Espaciais Russas, em 1992. O órgão passou por diversas versões e agora é um ramo das Forças Aeroespaciais Russas. A união das duas foi parte da tentativa de criar um comando único e eficiente, responsável por todos os aspectos militares do espaço sideral. Nesse sentido, estava quatro anos à frente dos

Estados Unidos. De acordo com sua página na internet, as Forças Espaciais Russas têm a tarefa de monitorar o espaço, a fim de prevenir ameaças e ataques, construir e lançar espaçonaves, bem como controlar sistemas de satélites militares e civis.

Em 2003, o comando superior das Forças de Defesa Aeroespacial Russas acompanhou atentamente as ações militares norte-americanas que, usando satélites para atingir com precisão tropas, equipamentos e edifícios, retalhou o Exército iraquiano, de meio milhão de soldados. Quando as forças terrestres dos Estados Unidos chegaram, o Exército do Iraque já não dispunha de condições para resistir.

Analistas observam que durante a Segunda Guerra Mundial 4500 missões aéreas eram necessárias para lançar 9 mil bombas e destruir uma ponte ferroviária, no Vietnã, 190 bombas e no Kosovo, apenas de um a três mísseis de cruzeiro, enquanto na época da invasão do Iraque, um único míssil guiado por satélite resolveu a questão. Moscou percebeu que havia ficado para trás em relação ao poderio militar espacial dos Estados Unidos, e empenhou-se em tentar recuperar o atraso.

Atualmente, os russos operam o sistema de posicionamento global Glonass, equivalente ao GPS norte-americano. A constelação Glonass, composta por 24 satélites, foi totalmente concluída em 1995, um ano depois do GPS. Permanecer em plena capacidade e manter a devida cobertura global são condições que requerem lançamentos frequentes de novos satélites para substituir os danificados ou que chegam ao fim da vida útil. No entanto, no caos econômico da Rússia ao longo da década de 1990, o financiamento para projetos espaciais foi cortado em 80%. Em 2001, apenas seis satélites estavam em operação, o que não bastava nem para cobrir a própria Rússia. Isso foi um duro golpe para os interesses estratégicos de Moscou, visto que o sistema Glonass garante que os mísseis nucleares disparados pelo país atinjam seus alvos.

Depois que Putin chegou ao poder, em 2000, a economia começou a melhorar, e ele fez da restauração do sistema Glonass uma prioridade máxima, mais que duplicando o orçamento do projeto. Em 2011, o sistema estava de volta aos seus 24 satélites, obtendo cobertura global pela primeira vez em uma década. Sanções complicam a possibilidade da Rússia de convencer fabricantes de telefones e automóveis a permitir a atuação do Glonass em seus produtos, mas a capacidade militar do sistema permanece intacta e sua precisão é inquestionável.

O foco no Glonass demonstrou a preocupação dos militares com a necessidade de garantir o mapeamento de situações e a confiabilidade da comunicação que apenas um sistema baseado em satélites pode fornecer. O sistema havia sido usado para apoiar as operações militares da Rússia tanto na Síria quanto na Ucrânia, onde tinham sido utilizadas armas de alta precisão. Isso resultou em hackers ucranianos mirando o Glonass, mas com sucesso limitado. À medida que o Kremlin se tornou dependente desses sistemas, era lógico que investisse na sua defesa.

A Rússia também investiu na capacidade de atacar os sistemas de satélites dos inimigos. Um modo de fazer isso é usar um de seus próprios satélites para se aproximar do satélite de outro país. Existem muitas razões legítimas para fazê-lo, por exemplo inspecionar danos causados por detritos. Mas também é possível capturar um satélite, "cegá-lo" com uma substância líquida ou até abatê-lo. Em várias ocasiões, os Estados Unidos registraram queixas oficiais de que satélites russos estavam "perseguindo" satélites norte-americanos. Em 2020, o Comando Espacial dos Estados Unidos ficou apreensivo ao ver o *Cosmos 2542*, da Rússia, lançar outro satélite do seu interior. Em vez de ficar perto de outros satélites russos, o *2543* aproximou-se de um veículo norte-americano de reconhecimento militar. Mais alarmante ainda, o *2543* disparou um projétil de alta velocidade rumo ao espaço sideral.

Conforme esse evento indica, a Rússia está construindo uma série de opções para obter capacidade de combate no espaço. Algumas são instalações de dupla utilização que permitem a negação plausível de intenção militar; outras são justificadas por serem supostamente capazes de inibir guerras.

Além de utilizar satélites como armas, a Rússia e outros países estão desenvolvendo armamento terrestre capaz de realizar disparos em direção ao espaço. O teste com a Asat realizado em 2021 é um de uma série de exemplos que demonstram que a Rússia, ciente de que não pode se igualar militarmente aos Estados Unidos no espaço, procura demonstrar sua capacidade de desabilitar ou destruir os equipamentos cruciais do adversário. O satélite obsoleto destruído pelos russos era um dos maiores; havia muitos outros que poderiam ter sido selecionados e que teriam produzido menos destroços. A Rússia optou por enviar uma mensagem. Do ponto de vista do Kremlin, tratava-se de uma espécie de apólice de seguro.

O mesmo se aplica ao projeto de lançamento de um foguete ao espaço, alojado embaixo de um caça MiG-31 devidamente adaptado e já voando em velocidade supersônica. Acredita-se que o foguete possa lançar um pequeno satélite, possivelmente capaz de realizar disparos.

Uma arma já operacional é o sistema laser Peresvet, projetado para combater satélites. Trata-se de dispositivos montados em caminhões utilizados por cinco das divisões russas de mísseis balísticos intercontinentais móveis, e o objetivo é atingir satélites estrangeiros enquanto passam sobre território russo, impedindo-os de rastrear os movimentos das unidades. Não está claro se tais dispositivos são capazes de "ofuscar" ou "cegar". Ofuscar significa inundar um satélite com tanta luz que ele perde temporariamente a capacidade de "enxergar". Cegar danifica permanentemente o sistema de imagem de um satélite. Não é sabido se alguma das cinco divisões já utilizou o sistema com sucesso.

A maioria dos analistas acredita que o Peresvet só é capaz de ofuscar, mas a respeitada revista on-line *Space Review* assinala que a Rússia está pronta para aperfeiçoar o equipamento por meio de um novo sistema conhecido como Kalina. Em 2022, uma investigação aprofundada analisou imagens do Google Earth e documentos de patentes de código aberto e descobriu que o complexo de vigilância espacial Krona, operado pela Rússia, estava desenvolvendo um sistema laser de última geração com capacidade de destruir satélites.

O complexo Krona, posicionado no topo de uma colina a dois quilômetros de altura, fica a oeste da cidade de Zelenchukskaya, perto da fronteira com a Geórgia. Um novo terreno aberto e uma cúpula projetada para abrigar um telescópio são visíveis. De acordo com a *Space Review*, os documentos técnicos da licitação para a construção descrevem um edifício capaz de "operar em temperaturas que variam de 40°C a –40°C, e resistir a terremotos de magnitude 7". A cúpula consiste em duas seções que podem ser abertas em menos de dez minutos, permitindo que o telescópio escaneie todo o céu.

O edifício está ligado através de um túnel a outro prédio, que abriga um equipamento Lidar (para detecção e alcance de luz). O Lidar pulsa luz em direção a um satélite, e então mede o tempo que decorre para cada pulso retornar. Isso enseja uma indicação da posição do satélite, bem como da direção e velocidade em que está viajando. Quanto mais sofisticado o equipamento, mais precisa será a leitura.

Se o Kalina estiver operacional, nesse ponto ele começaria a mirar e disparar. O raio laser precisa atravessar a atmosfera terrestre; portanto, tem que ser poderoso. Quanto mais luz for disparada, mais danos podem ser causados. A maioria dos satélites de observação opera a apenas algumas centenas de quilômetros de altitude, na órbita terrestre baixa. Acredita-se que o Kalina será capaz de localizar um satélite e rastreá-lo durante alguns minutos, e ofuscá-lo ou cegá-lo nesse período. A *Space Review* estima que o sistema pode permitir à Rússia "esconder", a qualquer momento, cerca de 100 mil quilômetros quadrados de seu território — uma área maior que Portugal.

O Kalina também seria capaz de selecionar um ponto específico do satélite e disparar sobre ele toda a energia do raio laser. Isso pode queimar as câmeras ou os motores da máquina, tornando-a inútil. Lasers dotados de tal carga de energia são milhares de vezes mais poderosos que aqueles usados em cirurgias ou para tocar CDs, e o sistema Kalina pode fazer com que múltiplos raios disparados de um telescópio com diâmetro de vários metros viajem paralelamente e, portanto, não se espalhem. Se funcionar, o Kalina provavelmente poderá eliminar satélites até em órbita geoestacionária.

Mesmo que o sistema seja acionado, seu uso pode ser negado. O raio laser é invisível, não há nenhum ruído quando ele é disparado e nenhuma nuvem de fumaça o segue. "Como assim?", diria Moscou. "Lasers? Ato de guerra? Isso não tem nada a ver conosco. Vocês já perguntaram à Coreia do Norte?"

Agora, imaginemos essas armas sendo disparadas do espaço. Não *ao* espaço, mas *do* espaço. Sem qualquer atmosfera para desviar ou enfraquecer o raio de luz, a arma poderia ser muito menor e o alvo, bem maior — uma estação espacial, por exemplo.

O Kalina integra a nova geração de sistemas apelidados de *superoruzhie*, ou "superarmas", de Putin. Eles incluem mísseis hipersônicos com capacidade de mudar de direção e altitude enquanto viajam na atmosfera da Terra — o que torna difícil, para o país-alvo, saber para onde um míssil está se dirigindo e preparar-se para a defesa.

Desde 2018, os esforços militares da Rússia no espaço têm estado intimamente ligados aos da China em uma tentativa de minar a superioridade espacial dos Estados Unidos e ameaçar a infraestrutura norte-americana. O relacionamento começou no início da década de 1990. Sanções sobre várias tecnologias foram impostas à China após o massacre de manifestantes pró-democracia na praça da Paz Celestial, em 1989, enquanto a Rússia emergia dos destroços da União Soviética, e assim Beijing e Moscou começaram gradualmente a cooperar na política espacial.

Em 2018, os dois países estavam prontos para um acordo formal de cooperação em uma gama de projetos, incluindo motores de foguetes, aviões espaciais, navegação por satélite e monitoramento de lixo espacial (embora, como vimos, esta última atividade não seja tão inofensiva quanto parece, porque quem dispõe de um sistema de monitoramento dispõe também, potencialmente, de um sistema de espionagem).

É por isso, e por conta do aperfeiçoamento de armas relacionadas com o espaço, que norte-americanos e europeus desconfiam das intenções das propostas conjuntas sino-russas em prol de um novo tratado para evitar uma corrida de armas espaciais. Os textos das propostas apresentadas em 2008 e 2014 ainda estão sendo discutidos, e chama a atenção o que não está contemplado neles.

Os textos estão salpicados de referências a "fins pacíficos" e "controle de armas", mas, a exemplo de todas as outras propostas e todos os acordos até agora, não definem o que constitui arma no espaço sideral, nem detalham quaisquer limitações sobre a proximidade permitida entre satélites de diferentes nações. Mais grave para os norte-americanos é a falta de clareza sobre desenvolvimento, testagem e armazenamento de armas antissatélite fixadas em solo, tais como o sistema Kalina. Isso vai bem ao encontro dos interesses de Moscou e Beijing. A Rússia e a China sabem que estão atrás dos Estados Unidos quanto à capacidade bélica em guerra convencional, e sabem também que a guerra convencional moderna depende de satélites. Portanto, nenhuma das duas nações está interessada em proibir armas que, fixadas na superfície terrestre, sejam capazes de disparar contra satélites.

Como vimos, os Estados Unidos propuseram uma proibição mundial de armas antissatélite de "ascensão direta", que podem causar detritos espaciais, e têm defendido um tratado mais abrangente para abordar as questões trazidas pela nova tecnologia. Mas é difícil ver como um consenso pode ser alcançado, especialmente porque os norte-americanos estão desenvolvendo suas próprias armas lançadas do solo, bem como outras tecnologias.

O cenário mais provável é que a Rússia e a China continuem a consolidar seu relacionamento por meio de iniciativas como, por exemplo, o plano para construir uma Estação Internacional de Pesquisa Lunar "na superfície e/ou na órbita da Lua" até 2035.

No âmbito de variadas transferências de tecnologia, os dois países têm colaborado para tornar os sistemas de navegação por satélite Glonass, russo, e Beidou, chinês, compatíveis entre si. Isso significa que, se um país entrar em guerra com um terceiro e seu sistema de comunicação e observação for danificado, poderá utilizar os serviços do outro.

Parece que ambos ganham, mas... Putin... temos um problema.

A Rússia é o "sócio júnior" nessa parceria, algo que ela não quer ser em coisa nenhuma. E conta com a história, as lendas e as medalhas para demonstrar tal postura. Mas acontece que a China tem o dinheiro e a infraestrutura, e já não está mais correndo atrás. O velho clichê de que a tecnologia espacial chinesa é uma reengenharia da tecnologia espacial russa está bastante obsoleto. Agora é a China que dispõe de sua própria estação espacial, não a Rússia. A China é que pousou uma nave na face oculta da Lua, não a Rússia. Também está à frente na tecnologia de foguetes reutilizáveis capazes de transportar cargas pesadas, e a iniciativa privada chinesa ligada ao espaço é mais pujante.

A Rússia precisa mais da China do que o contrário, o que significa que Beijing pode se dar ao luxo de ser cautelosa quando se trata de prestar auxílio a Moscou. Os chineses relutam em fornecer tecnologia à Rússia devido às sanções econômicas — caso tal colaboração desencadeie sanções contra a China também.

Apesar da hesitação chinesa diante da "amizade", o relacionamento é útil para a Rússia; depois de sair da ISS, a única opção que lhe resta para manter cosmonautas no espaço durante longos períodos de tempo será a bordo da estação espacial chinesa. Sem a China, a Rússia não teria capacidade de construir sua própria base na Lua. A parceria permite à Rússia tentar competir como grande potência espacial e permite à China adquirir petróleo e gás a preços de "parceria". Por trás do acordo está a estratégia conjunta de construir um bloco de poder alternativo à coalizão de democracias liderada pelos Estados Unidos, e depois persuadir outros países a aderirem. Mas, quando se trata do programa espacial russo, eis uma oferta que a maioria pode recusar.

A RÚSSIA JÁ ESTEVE NA VANGUARDA; agora, está ficando de fora. Há também um componente de autoisolamento. Novas leis determinam que qualquer meio de comunicação russo que divulgue até mesmo informações básicas sobre a indústria espacial do país deve acrescentar o seguinte alerta de isenção de responsabilidade ao artigo/tuíte/postagem: "Este material foi gerado ou distribuído por canais estrangeiros de mídia de massa que exercem funções de agente estrangeiro, e/ou por uma entidade legal russa que exerce funções de agente estrangeiro". Declarar-se "agente estrangeiro" nunca foi boa ideia na Rússia no melhor dos tempos, e os tempos atuais não são dos melhores.

Ao público russo, que ainda demonstra grande interesse pelo espaço, são negadas informações sobre quase tudo a respeito do assunto, exceto os detalhes mais banais, cuja divulgação é aprovada pelo governo. Uma pesquisa de opinião realizada em 2019 constatou que 31% dos russos acompanham de perto as notícias sobre o espaço. Cerca de 59% queriam que o país mantivesse seus esforços estelares, e 53% acreditam que isso ocorrerá.

E é claro que, apesar do declínio, Moscou elabora planos para permanecer na primeira divisão.

A nova joia da coroa da Rússia é sua mais moderna instalação de lançamento espacial: o cosmódromo de Vostochny. Em 1991, a Rússia pós-soviética não dispunha de um espaçoporto importante em seu território e precisava pagar ao Cazaquistão pelo privilégio de realizar lançamentos a partir de Baikonur. Foi decidido remediar essa situação embaraçosa, e o Kremlin apostou no cosmódromo de Vostochny como resposta. A intenção é desenvolver autonomia estratégica, rompendo com o passado soviético de dependência e garantindo que todos os principais componentes dos projetos espaciais militares e civis contem com bases dentro das fronteiras nacionais.

A construção começou em 2007 no *oblast* de Amur, no extremo oriente da Rússia. Fica a cerca de 8 mil quilômetros de Moscou e a duzentos quilômetros da fronteira com a China. A cidade mais próxima é Blagoveshchensk (com população de 200 mil), situada na margem norte do rio Amur. Trata-se de uma antiga região administrativa soviética típica, insípida, de onde os habitantes podem avistar a novíssima cidade chinesa de Heihe, com luzes de neon brilhando na outra margem do rio, projetadas de modernos arranha-céus residenciais e de escritórios. Cinquenta anos atrás, Heihe era uma vila pacata; agora abriga 250 mil pessoas e serve como lembrete do quanto a China ultrapassou a Rússia.

É aí que entra Vostochny. O projeto do cosmódromo visa produzir um efeito cascata, uma repercussão econômica no *oblast* de Amur, uma das regiões mais subdesenvolvidas e isoladas da Rússia. O local foi escolhido por razões tanto econômicas como geográficas. Existe ali uma antiga base intercontinental de mísseis balísticos, havendo, portanto, acesso às principais linhas ferroviárias remanescentes. A localização remota reduz o risco de destroços de foguetes atingirem qualquer grande centro urbano, e a latitude permite que os foguetes carreguem quase o mesmo peso daqueles lançados de Baikonur. O local de lançamento fica próximo a um trecho da rodovia Transiberiana, que oferece suporte à infraestrutura necessária para um projeto de grande porte, envolvendo a criação de uma nova cidade para 35 mil habitantes.

O cosmódromo de Vostochny foi construído com orçamento estourado e fora do prazo previsto, e o projeto foi prejudicado pela corrupção endêmica que persegue toda a indústria russa. O presidente Putin, sempre atento à apropriação indevida de fundos estatais, lembrou aos políticos veteranos que Vostochny é "praticamente um projeto nacional. Mas não, eles continuam roubando centenas de milhões!". Pelo menos 170 milhões de dólares foram desviados por altos funcionários, que foram, dezenas deles, detidos e encarcerados.

Foguetes já estão sendo lançados do local, mas a conclusão de vários projetos menores pode demorar pelo menos mais uma década, de maneira que há bastante tempo para o desvio de mais dinheiro. Uma placa na entrada principal do cosmódromo declara: "O caminho para as estrelas começa aqui". E ninguém ousaria acrescentar "(a menos que o dinheiro acabe)".

A ambição existe, mas talvez não existam a capacidade de financiamento, a maquinaria e possivelmente a experiência necessárias para corresponder aos programas espaciais norte-americano e chinês. Apesar disso, vários outros projetos de longo prazo estão em andamento.

Um foguete reutilizável de dois estágios está previsto para ser lançado de Vostochny até 2026. Chamado de *Amur*, é quase um plágio do *Falcon 9*, da SpaceX, mas é menor e só poderá transportar 10,5 toneladas de carga. Trata-se de um aumento de capacidade em relação aos foguetes *Soyuz 2*, mas ainda corresponde a menos da metade do que o *Falcon 9* pode carregar.

Os projetos para uma nova estação espacial, denominada Estação de Serviço Orbital Russa (na sigla em inglês, Ross), estão concluídos, mas o prazo para colocá-la em órbita foi postergado de 2025 para 2028, e alguns especialistas russos falam em 2030. Dado que a Rússia levou quase duas décadas para projetar, construir, lançar e acoplar o módulo de laboratório *Nauka* à ISS, mesmo 2030 parece uma perspectiva um tanto otimista.

O módulo *Nauka* deveria estar em serviço em 2007, mas só foi acoplado em 2021. Se for construída, a Ross será menor que a ISS e habitada apenas quatro meses por ano, fato que limita a quantidade de pesquisas que os cosmonautas podem desenvolver.

Há também planos para construir um "rebocador espacial" que transportará uma nave não tripulada até Júpiter (via Lua e Vênus), dentro de pouco mais de quatro anos. O "rebocador" contará com armas a laser e um reator nuclear de quinhentos quilowatts para alimentar os motores elétricos. Batizada de Zeus, a primeira missão deve ser lançada em 2030. Uma maquete da nave, exibida na exposição aeronáutica de Moscou, em 2021, fazia lembrar um brinquedo Meccano gigantesco, e o potencial de voo era igualmente gigantesco; se a tecnologia "decolar", quatro anos até Júpiter é um prazo viável, assim como seria viável o prazo de dois anos para uma viagem tripulada, de ida e volta, a Marte.

Uma estação espacial, um foguete reutilizável, um rebocador espacial — a lista é impressionante. Agora, tudo o que os russos precisam fazer é encontrar financiamento, cientistas e equipamentos para levar ao espaço os itens que compõem essa lista.

Mesmo antes da invasão da Ucrânia, a Rússia já perdia receitas com suas atividades espaciais — conforme vimos, o país enfrentava uma concorrência crescente ao seu serviço de "táxi cósmico". Considerando que a Rússia cobrava 70 milhões de dólares por astronauta estrangeiro transportado até a ISS, as perdas certamente prejudicaram o fluxo de receitas. Além disso, os norte-americanos estão eliminando gradualmente as aquisições de motores de foguete produzidos na Rússia e comprando versões congêneres fabricadas nos Estados Unidos.

A Rússia não publica o orçamento do seu programa espacial militar, mas relatórios de código aberto sugerem que o montante esteja na faixa de 1,5 bilhão de dólares anuais. O financiamento da Roscosmos foi reduzido a aproximadamente 3 bilhões de dólares por ano, com quase nada destinado a pesquisa e expansão. Por contraste, o orçamento anual da Nasa é de cerca de 25 bilhões de dólares e só o projeto do seu telescópio espacial *James Webb* custou 10 bilhões de dólares, sem contar que os gastos do governo norte-americano com atividades espaciais militares chegaram a 26,3 bilhões de dólares em 2023. A China gasta bem menos, algo em torno de 10 bilhões de dólares por ano, mas parece estar comprometida com o aumento desse valor.

Além disso, o programa espacial da Rússia está infestado de problemas sistêmicos, é perpassado por corrupção e, exceto no caso do cosmódromo de Vostochny, depende de uma infraestrutura obsoleta, parte da qual se situa além das fronteiras do país. A iniciativa privada nacional reluta em investir em uma indústria de alto risco, dominada pelo Estado e sabidamente pressionada por sanções.

Acrescente-se a isso o envelhecimento da população. Uma grande proporção da experiente mão de obra russa está se aproximando da aposentadoria e, por isso, a indústria exigirá pelo menos 100 mil especialistas altamente treinados para substituir os aposentados, ainda nesta década de 2020. No entanto, engenheiros e cientistas russos jovens e talentosos não se sentem atraídos por uma indústria que remunera menos que outros empreendimentos de alta tecnologia.

Com o aumento das sanções atingindo a economia russa e atrapalhando a obtenção de materiais, a Roscosmos terá dificuldades para competir. É possível que sanções a equipamentos de alta tecnologia tenham desempenhado um papel no fracasso de agosto de 2023 com a primeira missão lunar russa em quase cinquenta anos. A Rússia lançou sua nave não tripulada *Luna 25* do cosmódromo de Vostochny em 10 de agosto, em uma tentativa de vencer a Índia e se tornar o primeiro país a pousar no polo Sul lunar. No dia 20 daquele mês, enquanto o controle da missão manobrava a nave para uma órbita de pré-pouso, uma "situação anormal" ocorreu. De acordo com a Roscosmos: "O aparelho se moveu para uma órbita imprevisível e, como resultado de uma colisão com a superfície da Lua, deixou de existir" — ou seja, "ele bateu".

As sanções forçaram a Rússia a construir por conta própria alguns dos equipamentos mais críticos da espaçonave, incluindo o giroscópio, que é usado para manter um objeto estável. A intenção era usar um giroscópio da Agência Espacial Europeia, mas esta desistiu do projeto depois que a

Rússia invadiu a Ucrânia. Moscou se gabou de que seu Centro Acadêmico Pilyugin havia feito uma reposição russa "no menor tempo possível", junto com um novo sistema de orientação usando apenas componentes domésticos. A explicação da Roscosmos para a colisão foi que os motores do *Luna 25* superaqueceram, o que é plausível, mas a origem "Made in Russia" ainda pode ter sido um fator.

A Rússia não desistirá, nem aceitará o status de potência espacial secundária, mas sem os meios para permanecer no topo da exploração espacial e da investigação científica há de se contentar em continuar no topo da capacidade militar.

A necessidade de cooperação foi o que manteve abertas as câmaras de ar entre as comunidades espaciais russa e norte-americana, mesmo quando o relacionamento entre os Estados foi rompido. Os caminhos para a diminuição das tensões nem sempre são fáceis de encontrar, mas um deles brilha tão intensamente que podemos vê-lo a olho nu, navegando acima de nós a 7,6 quilômetros por segundo: a ISS.

No entanto, a geografia do espaço não está imune à geopolítica da Terra. A diminuição das tensões ensejada pela missão Soyuz-Apollo e pela ISS se perdeu no espaço entre nós.

CAPÍTULO 8

Companheiros de viagem

Não há passageiros na nave espacial Terra.
Somos todos tripulantes.
MARSHALL MCLUHAN, filósofo

Observações feitas no espaço fornecem imagens altamente detalhadas das condições climáticas na Terra, como esta do furacão Emília, sobre o oceano Pacífico, em 1994.

ENQUANTO A CHINA, os Estados Unidos e a Rússia seguem como as três principais nações atuando no espaço, muitas outras procuram aumentar sua presença. Novas tecnologias têm proporcionado um acesso mais fácil às oportunidades para um número crescente de países, incluindo nações em desenvolvimento. Devido aos custos e aos requisitos de infraestrutura, porém, a maioria não consegue realizar lançamentos de forma independente. Daí o movimento em prol da criação de "blocos espaciais".

Os europeus desfrutaram de uma vantagem inicial. A Agência Espacial Europeia foi formada em 1975 por dez nações, e agora conta com 22 membros. A ESA é dominada pelos países da UE, como parte da aspiração por uma "união cada vez mais próxima", mas trata-se de uma instituição separada e permanece fora do programa espacial da UE. A UE contribui com cerca de 25% do orçamento da ESA, mas os diversos Estados participantes cobrem a maior parte do custeio. Cabe louvar que tais Estados conseguiram captar cerca de 20% do mercado mundial de empreendimentos espaciais comerciais, tais como construção e lançamento de satélites, criação de braços robóticos e módulos habitacionais, o que é uma façanha, visto que os respectivos orçamentos e níveis de investimento privado são quase um mero troco, em comparação com os gastos norte-americanos.

Como organização, a ESA obteve alguns sucessos marcantes, incluindo o sistema de navegação global Galileo, o Programa Copernicus de Observação da Terra e o papel desempenhado pela agência na ISS. Contudo, para um projeto tão ambicioso como a construção de uma base lunar, os europeus precisam cooperar não apenas entre si, mas com uma grande potência — nesse caso, os Estados Unidos. A ESA está firmemente aliada ao país e faz parte dos Acordos Ártemis Moonshot.

Enquanto os russos enviaram o primeiro cão ao espaço, os europeus podem reivindicar o primeiro carneiro. Shaun, o Carneiro, para ser mais preciso. Ok, não era um carneiro vivo, mas não deixa de ser um representante adequado do planeta Terra, considerando que balia na maioria das principais línguas do mundo — "Baa" em inglês, "Bee" em francês, "Meeh" em japonês — e foi visto em 180 países.

Shaun, o carneiro de pelúcia, embarcou na missão Ártemis I, que foi lançada do Centro Espacial Kennedy, na Flórida, em novembro de 2022, e voou 64 mil quilômetros além da Lua, antes de retornar à Terra. Foi o primeiro teste integrado da espaçonave *Órion* com o foguete de carga pesada do SLS criado pela Nasa. Shaun foi selecionado para a missão pela ESA, responsável pela construção do sistema de suporte de vida na *Órion* — fornecimento de energia, água e oxigênio, e manutenção da nave em curso. David Parker, da ESA, comentou: "Embora possa ser um pequeno passo para um ser humano, é um salto gigantesco para os carneiros".

À medida que a missão avança, podemos esperar uma concorrência feroz por parte dos signatários não norte-americanos dos Acordos Ártemis, visando garantir que um de seus astronautas consiga reservar uma passagem. No entanto, como os europeus estão investindo a maior parte do dinheiro de origem não norte-americana e desempenharam um papel vital no projeto, a ESA acredita que está "garantindo lugares para os astronautas da ESA explorarem o nosso sistema solar". A agência só não disse quais astronautas. Ser o primeiro europeu na Lua será uma proeza; mas a solidariedade pan-europeia tem seus limites, e cada país vai querer que seu próprio astronauta dê o tal "salto gigantesco".

Contemplando-se o futuro, existe um plano ambicioso para o lançamento, em 2029, de uma nave espacial chamada *Comet Interceptor*, cuja função está clara em seu nome: interceptadora de cometa. A ideia é estacionar a nave próximo ao telescópio espacial *James Webb*, no segundo ponto de Lagrange Sol-Terra, a aproximadamente 1,5 milhão de quilômetros de nós.

A nave permanecerá ali, aguardando um cometa que se aproxime, novo em nosso sistema solar, e então vai interceptá-lo. Um cometa realizando sua primeira órbita ao redor do Sol seria "ouro em pó", porque, conforme explica Michael Küppers, da ESA, "conteria material não processado, proveniente da alvorada do sistema solar", o que nos ajudaria a entender "como o sistema solar se formou e evoluiu ao longo do tempo".

No entanto, apesar dos exemplos da sua expertise indiscutível e dos equipamentos de alto nível, os europeus estão ficando para trás quando se trata de segurança espacial. A primeira reunião de ministros da defesa da UE ocorreu em 2022 (2012 já teria sido tarde, 2022 chega a ser imprudente). Como instituição, a UE é tão dependente de recursos oriundos do espaço quanto qualquer outro grande protagonista, mas carece de meios para defender tais recursos. A instituição segue falando da "necessidade de garantir nossa capacidade para operar com segurança" no espaço, mas raramente se constata progresso na construção de armas antissatélite, de armamento acionado por energia dirigida ou de bloqueadores. A Comissão Europeia (CE) se empenha no rastreio de detritos espaciais e no desenvolvimento de dispositivos de comunicação ultrasseguros com criptografia quântica, porém, novamente, em raras ocasiões esclarece como pretende defendê-los. Quando os franceses descobriram um satélite russo se aproximando de um satélite militar franco-italiano, em 2017, o primeiro pensamento não foi "Qual será a reação de Bruxelas?". A ministra da Defesa, Florence Parly, disse: "Chegou perto. Perto até demais". Ela acusou Moscou de tentar interceptar a banda de altíssima frequência utilizada pelas forças francesas e italianas para comunicação em todo o mundo. Afirmou também que a França tomou "medidas apropriadas", embora não tenha entrado em detalhes. A criação de uma Força Espacial da UE é tão improvável quanto a de um Exército da UE; mais provável é que os Estados individuais desenvolvam suas próprias capacidades.

Três membros da UE já avançaram com seus comandos e políticas espaciais — Itália, Alemanha e França, que é a principal potência espacial europeia. Os três participam do programa espacial da UE, mas não estagnaram à espera de intermináveis comunicados da CE sugerindo que "grupos de trabalho sejam formados para analisar a possibilidade de realizar reuniões de alto nível, com o propósito de examinar a viabilidade de convocar uma cúpula destinada a verificar se os Estados membros apoiariam um avião espacial da UE a ser lançado no 'Dia de São Nunca'". Em vez disso, as três nações pretendem construir suas próprias aeronaves.

Tal como em outras áreas, os europeus querem autonomia estratégica: um anseio que remonta a décadas, tanto no âmbito de Estado-nação como da UE. Nos anos 1960, os países democráticos da Europa continental podiam contar com o monopólio norte-americano no espaço para satisfazer suas necessidades, ou procurar construir um nível de capacidade interna.

Os italianos foram os primeiros. Em 1964, lançaram o satélite *San Marco 1*, ainda que no topo de um foguete norte-americano. Com isso, a Itália tornou-se o quinto país a ter uma máquina em órbita, depois de União Soviética, Estados Unidos, Canadá e Reino Unido. A partir de então, a Itália desempenhou um papel significativo no desenvolvimento da ISS e contribuiu com vários astronautas, incluindo Samantha Cristoforetti, a primeira mulher europeia a comandar a estação. A megaempresa de defesa italiana Leonardo firmou parceria com a empresa francesa Thales Group para criarem a Thales Alenia Space, a maior fabricante de satélites na Europa continental. A Thales está atualmente trabalhando com a Space Cargo Unlimited, sediada em Luxemburgo, para construir a primeira fábrica espacial, cuja ambição é fabricar itens relacionados a biotecnologia, produtos farmacêuticos, agricultura e novos materiais. E, em um esforço para manter as conquistas do país, o governo italiano destinou um orçamento para 2021-7 no valor de quase 5 bilhões de euros, incluindo 90 milhões destinados a alavancar start-ups.

Em seguida veio a França, o terceiro país a projetar, construir e lançar seu próprio satélite. Após a Segunda Guerra Mundial, o presidente Charles de Gaulle recusou a oferta de Washington para que o país se abrigasse sob o guarda-chuva nuclear dos Estados Unidos. A ideia de ter mísseis norte-americanos na França era abominável para um homem determinado a reconstruir o poderio francês. Em 1964, armas nucleares francesas tornaram-se operacionais, e no ano seguinte um satélite militar de comunicações foi lançado, no que constituiu uma exibição eloquente da independência gaulesa em relação a *les Américains*; a partir daquele momento, a "*Force de Frappe*" do presidente de Gaulle contava com um míssil balístico capaz de lançar bombas nucleares e satélites. O satélite *A-1* foi rapidamente apelidado de *Astérix 1*, em homenagem ao conhecido personagem de quadrinhos que com tanto sucesso resiste à dominação estrangeira.

O reflexo do excepcionalismo francês foi constatado novamente na década de 1980. Muammar Gaddafi, da Líbia, invadiu o norte do Chade em 1978. Em 1983, Washington pressionou Paris para intervir em defesa do Chade e forneceu aos militares franceses imagens de satélite com uma qualidade que a França não possuía. Os franceses desconfiaram que algumas fotos fossem antigas, sendo utilizadas apenas para cooptá-los, e as divergências entre as duas potências levaram Paris a concluir que não desejava contar com o sistema de reconhecimento norte-americano. Na época, jatos franceses precisavam voar em missões de dez horas para obter imagens que os norte-americanos podiam capturar em segundos; então, em 1986, a França lançou o *Spot 1*, um satélite comercial cujo objetivo era recolher imagens, e que era capaz de tirar fotografias coloridas de qualidade, com precisão de vinte metros. O *Spot 1* foi lançado bem a tempo de capturar imagens do acidente nuclear de Chernobyl, permitindo à França ver melhor do que seus vizinhos o que estava acontecendo.

Em 1995, deu-se o lançamento do programa de satélites militares Hélios, desenvolvido em parceria com a Espanha e a Itália, capaz de obter resolução de um metro para imagens em preto e branco. O programa foi útil em 2003, antes da Guerra do Iraque, quando forneceu informações que ajudaram a convencer a França a não participar da invasão do Iraque.

O programa Helios foi agora substituído pelo sistema Pléiades, de dupla utilização, operado pela Airbus, que fornece informações a clientes comerciais e aos Ministérios da Defesa francês e italiano, que dispõem de uma cota diária de imagens. Tais imagens foram úteis quando a França interveio no Mali, em 2013, para impedir o avanço das forças rebeldes contra a capital, Bamaco.

A França continua a ser uma importante protagonista no cenário espacial, tanto comercial quanto militarmente. Em 2019, o país publicou sua estratégia espacial militar, declarando: "A França não está embarcando em uma corrida armamentista espacial". A declaração foi, de certo modo, contrariada por propostas posteriores que contemplavam "enxames" de nanossatélites para proteger satélites maiores, um sistema de laser terrestre para ofuscar satélites oponentes e, algo um tanto implausível, a instalação de metralhadoras a bordo de um satélite. Contudo, Paris descartou a construção do seu próprio sistema de mísseis antissatélites propulsionados por ascensão direta, alegando que é irresponsável aumentar a quantidade de detritos espaciais na órbita terrestre baixa. O Comando Espacial da França foi estabelecido em 2019, perto de Toulouse — sede de empresas como a Airbus e a Thales. A missão do comando é proteger satélites franceses e dissuadir qualquer agressão contra as iniciativas espaciais da nação.

O unilateralismo tem seus limites, sobretudo à medida que avançamos lentamente para outro formato de mundo bipolar, dessa vez dominado pelos Estados Unidos e pela China (tendo a Rússia como parceiro júnior). A política francesa de "avançar sozinho", portanto, teve que se adaptar ao século XXI. Por exemplo, a França aderiu à Iniciativa de Operações Espaciais Combinadas, que integrava a aliança de coleta de informações conhecida como Cinco Olhos, compreendendo Estados Unidos, Reino Unido, Austrália, Nova Zelândia e Canadá. O país está também incrementando a cooperação comercial com a ESA.

Apesar de a Alemanha ser o primeiro país a ter lançado um foguete ao espaço (o *V-2*, de Wernher von Braun), a posição alemã como participante da indústria espacial configura um "voo baixo". Mesmo assim, o setor espacial alemão é o segundo maior da Europa e o segundo maior contribuinte para a ESA. O Centro Europeu de Operações Espaciais, da ESA, está baseado em Darmstadt, perto de Frankfurt, de onde suas próprias espaçonaves não tripuladas são controladas e lixo espacial é rastreado. Munique abriga o Centro de Controle Columbus, que administra o laboratório de pesquisa Columbus, da ISS. Colônia sedia tanto o Centro Europeu de Astronautas, que treina astronautas para suas missões, como o Centro Aeroespacial Alemão, que desenvolveu a câmera estéreo de alta resolução para a Missão Expressa a Marte, da ESA, encarregada de procurar vestígios de água e sinais de vida no Planeta Vermelho. O país é líder mundial em observação da Terra e produziu dois satélites de radar de última geração — *Terrasar-X* e *Tandem-X* —, que fornecem imagens 3D altamente precisas do planeta.

Em 2021, os militares alemães anunciaram que estavam criando uma unidade espacial com o formidável nome de *Weltraumkommando der Bundeswehr*, que infelizmente se traduz apenas como Comando Espacial das Forças Armadas. A ênfase do referido comando está no espaço como território defensivo, com foco em conscientização situacional espacial e na proteção de satélites militares e civis alemães. Quando inaugurou a base de Uedem, perto da fronteira holandesa, a ministra da Defesa, Annegret Kramp-Karrenbauer, destacou o quanto a Alemanha depende desses satélites, "sem os quais nada funciona".

O Reino Unido, outra potência espacial da Europa, permaneceu na condição de membro da ESA após o Brexit, mas com status de "País Terceiro". Isso encerrou seu envolvimento no Galileo e no sistema de navegação por satélite Engos, e o Reino Unido foi impedido de acessar os serviços criptografados do Galileo, antes usados para fins de defesa e infraestrutura nacional crítica. Em 2022, quando a empresa britânica Inmarsat começou a testar um possível satélite substituto, tanto a ESA quanto a agência da UE responsável pelo programa espacial cooperaram para garantir que não houvesse interferência entre os serviços. O divórcio entre o Reino Unido e a UE foi amargo, mas no âmbito da comunidade espacial a maioria das pessoas em ambos os lados lamentou a separação, e ainda há boa vontade em restabelecer o relacionamento.

A história do Reino Unido é bastante diferente da história da França. Durante os primeiros anos da Guerra Fria, o Reino Unido não dispunha de capacidade para construir seus próprios satélites e foguetes, e ainda hoje depende dos Estados Unidos para a obtenção de imagens via satélites militares. Como contrapartida, o Reino Unido abriga instalações da Agência de Segurança Nacional norte-americana. Contudo, na década de 1960, o Reino Unido logo tornou-se o terceiro país, depois dos Estados Unidos e da União Soviética, a contar com um sistema seguro de comunicação militar efetuada por satélites.

A dissolução do Império Britânico deixou o Reino Unido com forças armadas e centros de inteligência em todo o mundo incapazes de se comunicar entre si. O satélite britânico *Skynet 1A* foi lançado, em 1969, a partir do cabo Kennedy, por um foguete norte-americano; outros o seguiram, e, em poucos anos, comunicações militares em bases que iam de Londres a Singapura estavam interligadas. A Grã-Bretanha recuava em seu Império, mas garantia que restasse poder global.

Os satélites foram posicionados na órbita geoestacionária de maneira que a maior parte do patrimônio militar e de inteligência do Reino Unido no exterior pudesse ficar coberta. Havia lacunas na cobertura, mas em nenhum local os britânicos achavam que precisariam lutar. Contudo, o inimigo cometeu a ousadia de estar no lugar "errado" — no Atlântico Sul. Em 1982, a Argentina invadiu as ilhas Malvinas (Falklands para os britânicos), região fora da área de cobertura do *Skynet*. Então, quando a força-tarefa da Marinha Real chegou para persuadir o Exército argentino a recuar, foi difícil estabelecer comunicações seguras entre os militares e o Reino Unido. Contar com amigos sempre ajuda. Equipes da Força Aérea Especial (na sigla em inglês, SAS) fizeram uso de terminais portáteis seguros da Força Delta norte-americana, e o sistema de comunicações via satélite da Defesa norte-americana retransmitiu mensagens para Londres. Sem a ajuda dos Estados Unidos, o resultado da Guerra das Malvinas/Falklands poderia ter sido diferente. O susto bastou para levar o Reino Unido a investir na próxima geração do *Skynet*. O sistema foi desenvolvido e permitiu que militares britânicos se comunicassem de forma independente durante operações nos Bálcãs, Iraque e Afeganistão. O *Skynet 6A* está sendo construído atualmente pela Airbus, com previsão de lançamento em 2025 e projetado para resistir a ataques de lasers de alta potência.

O *Skynet 6A* ficará sob a jurisdição do Comando Espacial do Reino Unido, criado em 2021 e sediado sob a égide da Força Aérea Real, em High Wycombe, no sul da Inglaterra. Esse novo ramo das Forças Armadas do Reino Unido foi criado quase sem que ninguém, além dos militares, percebesse. No entanto, a medida demonstra que as elites política e militar admitiram que, depois de décadas ignorando os aspectos espaciais das relações internacionais e da guerra (exceto quanto ao *Skynet*), é preciso levar a questão a sério. O governo declarou que pretende tornar o Reino Unido um "ator significativo" nesse território.

O Comando Espacial afirma que seu papel é "proteger e defender o Reino Unido e interesses aliados no espaço e controlar toda a capacidade espacial de defesa do Reino Unido". No entanto, não diz nada sobre ofensivas, nem sobre capacitação e planos antissatélites. O comandante, o vice-marechal da Aeronáutica Paul Godfrey, declara: "Em última análise, estamos explorando o espaço para fins de defesa. Um dos nossos objetivos é proteger e defender o nosso patrimônio no e através do espaço [...]. Não se pode ter um porta-aviões navegando por aí sem qualquer proteção ou percepção do que está acontecendo ao redor".

Os britânicos também estão se concentrando na comunicação via satélite visando à realização de operações militares, por exemplo operações de Forças Especiais do Reino Unido, como a SAS e a Força Naval Especial (na sigla em inglês, SBS), que podem se beneficiar se souberem quando o adversário possui capacidade de vigilância no espaço, e quando o Comando Espacial do Reino Unido pode visualizar tal vigilância e fornecer suporte. Alguns satélites modernos são tão eficientes que podem ver através de camadas de nuvens e na escuridão, fatores que anteriormente serviam para propiciar cobertura estratégica. "Podemos melhorar a capacidade desses satélites se nossos irmãos e irmãs em outras forças souberem quando podem estar em risco", explicou Godfrey. "Dada a qualidade dos satélites hoje, a noite e o mau tempo não ajudam mais; então, talvez eles resolvam fazer a coisa de maneira diferente".

O Reino Unido talvez seja uma das duas verdadeiras potências militares na Europa (com a França), mas em termos espaciais está bem atrás da China, dos Estados Unidos, da Rússia, do Japão, da França, dos Emirados Árabes Unidos, entre outras nações. O Ministério da Defesa britânico está em uma curva de aprendizado, mas nem todos os departamentos parecem compreender claramente que a luta pelo poder e a guerra no século XXI estão inextricavelmente ligadas ao espaço. Uma fonte da inteligência do Reino Unido especializada em tecnologia espacial afirmou: "Em termos de tecnologia, estamos na vanguarda e nos concentramos na órbita terrestre baixa, é para lá que vai o investimento; mas, de modo geral, não estamos lá no topo, com os grandes".

Para ajudar a preencher essa lacuna, a BAE Systems está trabalhando na construção e no lançamento em órbita de um conjunto de satélites capazes de coletar imagens visuais de alta resolução da superfície da Terra, além de informações via radar e radiofrequência, mesmo à noite e com mau tempo. Conhecidos como Azalea, os sensores dos satélites podem ser reconfigurados no espaço, a fim de se adequarem à tarefa designada. O equipamento de aprendizado de máquina a bordo da nave analisa os dados, identifica atividades relevantes e encaminha informações por canais seguros aos clientes, dos quais a maioria deverá ser de natureza militar.

Há também o novo Espaçoporto Cornwall, que — apesar do fracasso da Virgin Orbit de lançar um satélite de um avião em sua pista no início de 2023 — continua sendo um centro espacial de alta tecnologia. Ele abriga uma "sala limpa", adequada para a construção de satélites. Trata-se de um ambiente com a menor quantidade possível de poeira e outras partículas transportadas pelo ar. Considerando que 30 mil minúsculos fragmentos de pele caem do corpo humano a cada hora, manter a sala limpa exige mais do que um esfregão e um balde. O Espaçoporto Cornwall tem as ferramentas para fazer esse trabalho, o que o torna (atualmente) o único local no Reino Unido onde um satélite pode ser construído, integrado a um foguete e lançado.

Além disso, há um novo espaçoporto sendo erguido em Sutherland, no extremo norte da Escócia, para lançar minissatélites no espaço. O projeto foi concebido em 2016 e a primeira base foi construída em 2023. A Orbex, empresa por trás do projeto, espera ampliar suas instalações para receber doze lançamentos verticais por ano até o final da década, usando seu foguete reutilizável *Prime*, de dois estágios e dezenove metros de comprimento.

Cerca de 250 quilômetros ao norte de Sutherland, outra base de lançamento está sendo desenvolvida, no arquipélago Shetland, que separa o oceano Atlântico do mar do Norte. O Espaçoporto SaxaVord, levantado no local de uma antiga estação da Força Aérea Real, tem como objetivo realizar trinta lançamentos por ano. Se você quiser assistir a um deles, será necessário fazer uma viagem de avião ou pegar uma balsa noturna do norte da Escócia até a maior das ilhas Shetland, conhecida como Mainland, e depois pegar duas balsas diferentes (pagamento somente em dinheiro) para chegar ao ponto habitado mais ao norte do Reino Unido: a ilha de Unst, também conhecida como "a ilha acima de todas as outras".

A INOVAÇÃO ESPACIAL BRITÂNICA e sua presença na ESA ao lado de outras potências importantes como França, Itália e Alemanha faz da Europa uma entidade poderosa em termos espaciais. Foi o primeiro dos "blocos espaciais". O segundo bloco formal a surgir foi a Organização da Ásia-Pacífico para Cooperação Espacial (na sigla em inglês, Apsco), criada em 2008 por China, Bangladesh, Irã, Mongólia, Paquistão, Peru, Tailândia e Turquia, com sede em Beijing. A organização segue os moldes da ESA e possui conselho e secretaria permanentes. Em uma região assolada por terremotos, e em meio à preocupação com mudanças climáticas, faz sentido cooperar no desenvolvimento de satélites e compartilhamento de informações. No entanto, a China dá as ordens. O principal objetivo da organização parece ser expandir a presença do sistema de navegação chinês Beidou, como parte da tentativa de ultrapassar o GPS norte-americano enquanto ferramenta dominante de indicação de posicionamento.

O enorme poder da China é o foco de grande parte do desenvolvimento espacial e da colaboração existentes na região Indo-Pacífico. A divisão fica evidente no surgimento de outro bloco — o Fórum da Agência Espacial Regional Ásia-Pacífico, criado sob liderança japonesa antes do surgimento da Apsco, mas uma instituição menos formal. Conforme a própria nomenclatura indica, trata-se de um "fórum", não de uma "organização"; essencialmente, constitui um espaço de discussão, mas as discussões são conduzidas sobretudo por países pouco amigáveis em relação à China, como Japão e Vietnã.

A exemplo da UE, o Japão é uma "potência espacial civil", mas, à medida que as tensões aumentam na Ásia oriental, o país tem demonstrado dificuldade em resistir a fazer investimentos em equipamento espacial militar. Contudo, os passos iniciais dos japoneses nesse sentido estão estreitamente ligados à dependência contínua dos Estados Unidos quanto à inteligência de satélites com capacidade militar.

No nível civil, o Japão tem uma história espacial impressionante e um ambicioso programa lunar. É um dos poucos países com capacidade própria de lançamento. Enviou seu primeiro satélite ao espaço em 1970, e em 1990 orbitou com sucesso a Lua, em uma nave não tripulada. A Agência de Exploração Aeroespacial do Japão (Jaxa, na sigla em inglês), empresa estatal, desenvolveu o chamado Módulo de Pouso Inteligente para Investigação da Lua, projetado para possibilitar que aeronaves pousem a menos de cem metros da área-alvo. Como signatário dos Acordos Ártemis, o Japão prestará assistência à Estação Espacial Gateway e espera ter um astronauta japonês na Lua por meio das missões programadas para 2028, 2029 ou 2030.

A iniciativa privada japonesa também está envolvida. Em dezembro de 2022, um foguete da SpaceX transportou um módulo lunar conhecido como *M1* ao espaço, a caminho da Lua. O *M1* foi fabricado pela pequena ispace, empresa sediada em Tóquio, com o propósito de ganhar contratos de agências estatais e clientes comerciais que desejem receber equipamentos na Lua ou mapear a superfície lunar em busca de recursos naturais. A carga já paga ao *M1* incluiu o robô lunar *Rashid*, dos Emirados Árabes Unidos; uma bateria de estado sólido, da empresa japonesa NGK Spark Plug, cuja resistência ao frio estava sendo testada; um computador que permite voos por IA, da empresa canadense Mission Control Space Services; e, de outra empresa canadense, a Canadensys Aerospace, câmeras acionadas por IA e com abrangência de 360 graus que, entre outras tarefas, estavam a bordo para filmar o robô espacial dos Emirados Árabes Unidos.

A história da ispace vale a pena ser contada. A empresa iniciou como uma das concorrentes ao prêmio de 20 milhões de dólares oferecido pela Google, em 2017, para a equipe responsável pela primeira espaçonave privada a pousar na Lua, percorrer uma distância de quinhentos metros e enviar um vídeo à Terra. Conhecida então como Hakuto, a equipe concentrou-se no desenvolvimento de um veículo robótico, mas teria que contar com um time concorrente, da Índia, para transportá-lo até a superfície lunar. O combinado era que os dois veículos concorrentes fariam uma corrida de quinhentos metros. Admita, você teria assistido a essa corrida. Infelizmente, nenhuma das equipes foi capaz de cumprir o prazo de 2018, e o prêmio não foi entregue.

Em abril de 2023, a ispace enfrentou um grave contratempo ao tentar o que teria sido o primeiro pouso comercial do mundo na superfície da Lua. Seu módulo de pouso *Hakuto-R Mission 1* sofreu uma falha de software ao passar por um penhasco lunar, fazendo com que o computador errasse o cálculo da altitude da nave, que por isso ficou sem combustível. O módulo caiu cinco quilômetros e despencou, assim como o valor das ações da ispace na bolsa de valores de Tóquio, que passaram dos 2373 ienes posteriores ao lançamento para menos de oitocentos ienes.

Esse foi o segundo grande fracasso do ano de 2023. Em março, o principal programa espacial do país havia sofrido um grande baque — o *H3*, foguete de próxima geração da Jaxa e suposto concorrente do *Falcon 9* da Space X, se autodestruíra após o motor do segundo estágio não conseguir entrar em ignição em seu voo inaugural.

Foi devastador. A expectativa era de que o *H3* anunciasse a chegada do Japão como um concorrente sério no mercado ultracompetitivo de entrega de satélites, e encomendas já haviam sido feitas. Ele deveria ser usado para estabelecer o sistema de navegação por satélite do país: a rede Michibiki, versão japonesa do GPS. O foguete destruído transportava um satélite de observação equipado com um sensor experimental projetado para detectar lançamentos de mísseis balísticos norte-coreanos. É possível que não haja um substituto pronto até 2028. Outra função do *H3* seria entregar suprimentos à ISS para explorar os polos lunares em busca de água e, no futuro, fazer transporte de carga até a Estação Espacial Gateway. O projeto inteiro foi deixado de lado.

O fracasso também atrasou os planos do Japão de avançar como uma potência espacial militar, embora não agressiva. O país tem se rearmado, de forma lenta mas consistente, após décadas como um país de fato pacifista. Suas forças convencionais têm hoje equipamento ofensivo, mas, em se tratando do espaço sideral, Tóquio tem mantido uma postura defensiva. Na condição de líder mundial em tecnologia, e com uma forte base industrial, o Japão depende de sistemas de comunicação posicionados no espaço, o que significa que a economia fica vulnerável se os satélites do país forem desativados. Portanto, o país tem investido maciçamente em tecnologia voltada para o rastreamento e descarte de destroços espaciais. Parte da responsabilidade pelo rastreamento cabe ao Esquadrão de Operações Espaciais (na sigla em inglês, SOS), que atua no âmbito da Força Aérea de Autodefesa. O SOS também monitora satélites estrangeiros potencialmente hostis, mas é improvável que Tóquio siga os exemplos da China, dos Estados Unidos e de outros países no desenvolvimento de armas espaciais ofensivas.

O foco em detritos espaciais significa que o Japão está bem posicionado para ser um dos líderes nesse campo. A empresa Astroscale, sediada em Tóquio, projetou uma espaçonave com um braço robótico que tem como objetivo encontrar um satélite inoperante, capturá-lo e, em seguida, empurrá-lo para a atmosfera da Terra, onde entrará em combustão. Parece simples, mas isso tem que ser feito enquanto o satélite estiver viajando a mais de 27 mil quilômetros por hora. Espera-se que os Serviços de Fim de Vida da Astroscale — Elsa-d, como são conhecidos — estejam funcionando até 2026.

A Coreia do Sul, vizinha do Japão, é outra nação que está aproveitando o próprio brilho tecnológico para crescer como uma potência espacial. Seul sinalizou sua chegada como "participante" quando enviou um orbitador à Lua no final de 2022, a fim de estudar a composição química lunar. Contudo, as limitações sul-coreanas ficaram evidentes pelo fato de a nave ter sido transportada ao espaço no topo de um foguete da SpaceX, lançado do cabo Canaveral.

Ao lado, a Coreia do Norte dispõe de sua própria capacidade de lançamento, geralmente a partir da Estação de Lançamento de Satélites Sohae, na costa do mar Amarelo. O sucesso tem sido limitado. Entre 2012 e 2022, o país tentou lançar satélites cinco vezes, mas só conseguiu fazê-lo em duas ocasiões, e é incerto se algum deles chegou a funcionar devidamente. No final de dezembro de 2022, Pyongyang afirmou que havia levado com sucesso um satélite ao espaço, e publicou imagens que incluíam a capital sul-coreana, Seul, para corroborar a afirmação. Tal capacidade significaria que a Coreia do Norte não depende inteiramente da China para consolidar sua própria inteligência por meio de vigilância. No entanto, mesmo que essa afirmação duvidosa seja verdadeira, a extensão da cobertura por satélite disponível para a Coreia do Norte permanece limitada.

Isso ficou evidente após outro lançamento fracassado, em maio de 2023, que resultou na queda do foguete e de seu satélite no mar, ao largo da costa da Coreia do Sul, logo após a decolagem. A Marinha sul-coreana, solícita, retirou os destroços do fundo do mar duas semanas depois. Em julho, após um mês estudando a tecnologia, os militares declararam que o satélite "não tinha nenhuma utilidade militar como ferramenta de reconhecimento", o que era uma maneira educada de dizer que suas câmeras eram péssimas. Foi outro constrangimento para Pyongyang, que, em uma admissão extremamente rara, emitiu um relatório de uma reunião do Partido dos Trabalhadores da Coreia que "criticou implacavelmente os oficiais que conduziram os preparativos para o lançamento de forma irresponsável", o que resultou em um "fracasso gravíssimo".

Os vizinhos de Pyongyang, assim como os Estados Unidos, desconfiam que os lançamentos de satélites realizados pela Coreia do Norte têm mais a ver com a testagem da capacidade de disparar mísseis balísticos intercontinentais (ICBM, na sigla em inglês), possivelmente com ogivas nucleares. Um mês antes do fracasso no lançamento do satélite, a Coreia do Norte disse que havia testado com sucesso um ICBM de combustível sólido pela primeira vez. O míssil estava entre os cem que haviam sido disparados no mar durante os dezoito meses anteriores. Um ICBM de combustível sólido tem o combustível já carregado em seu interior e portanto é mais móvel do que aqueles com propulsores líquidos. Eles podem ser escondidos com mais facilidade e preparados para o disparo com poucos minutos de antecedência, enquanto um ICBM com combustível líquido pode precisar de horas de preparo. O teste de abril foi um avanço, mas ainda deixou a Coreia do Norte com a tarefa extremamente difícil de miniaturizar todas as suas ogivas nucleares para que caibam em um míssil, protegendo-as das condições adversas que surgem durante a reentrada na atmosfera. No entanto, um ICBM de combustível sólido de fato aumenta as chances de a Coreia do Norte conseguir atingir o satélite de outro país com um míssil de ataque direto.

Outro grande participante no Indo-Pacífico, a Índia, coopera estreitamente com o Japão e a Coreia do Sul em projetos civis, mas o programa espacial indiano é em grande parte impulsionado pelo desejo de não ser superado militarmente por sua grande rival, a China. As principais preocupações de segurança da Índia concentram-se no oceano Índico, onde os chineses atualmente mantêm navios de guerra, e na fronteira com a China, no Himalaia, onde houve confrontos armados nos últimos anos.

O poderio espacial indiano tem ímpeto, mas cresce lentamente demais para que o país se torne um importante ator militar antes de 2040. Em 2019, Nova Delhi criou a Agência Espacial de Defesa, mas não chegou a estabelecer um comando espacial completo, que era o que os chefes do Estado-maior desejavam. A Índia possui um sistema militar de satélites e um sistema civil de cobertura via satélite, mas não consegue igualar o orçamento de Beijing para desenvolver um sistema de navegação global, soberano e pleno.

Também em 2019 a Índia testou com sucesso uma arma antissatélite. O teste chinês realizado em 2007 indicou para Nova Delhi a direção que a defesa espacial seguiria no futuro, e o quanto a Índia estava atrasada. Sucessivos governos empenharam-se em apoiar uma gestão global do espaço sideral e evitar sua militarização, mas, em 2019, a Índia concluiu que não poderia ficar estagnada enquanto a China e outras potências avançavam. Foi uma decisão importante. Nova Delhi há muito criticava outros países por militarizarem o espaço. O teste colocou a nação indiana no mapa espacial militar. A Índia também tem sondado o terreno quanto à cooperação na política espacial com seus parceiros do "Quad" — o Diálogo de Segurança Quadrilateral (junto com Japão, Austrália e Estados Unidos) —, um grande gesto por parte da nação outrora líder, e talvez futura líder também, do Movimento dos Países Não Alinhados. Como tantas vezes ocorre, rivalidades regionais são motivadoras. Nova Delhi está ciente de que a expertise chinesa em atividade espacial militar terá efeito favorável para um aliado da China — e inimigo da Índia —, o Paquistão.

A Índia sente-se bem mais à vontade lidando com a dimensão civil do espaço. O país desenvolveu uma indústria bem-sucedida de entrega de satélites e enviou uma sonda para a órbita de Marte, ampliando o conhecimento que temos sobre nosso vizinho mais próximo. Em 2008, o orbitador lunar indiano *Chandrayaan-1* ("veículo lunar", em sânscrito) descobriu a probabilidade da existência de água na Lua, incluindo grandes depósitos congelados nos polos lunares. Esse foi um dos fatores que despertaram o atual interesse global na construção de bases lunares. A Índia não dispõe de recursos para construir sua própria base, nem estação espacial, mas, em junho de 2023, assinou os Acordos Ártemis e desempenhará um papel no projeto que os Estados Unidos estão liderando para construir uma base lunar. O alinhamento da Índia com a Nasa foi um sinal e tanto, e ocorreu durante a visita do primeiro-ministro Modi a Washington. Já fazia muito tempo que Nova Delhi se esforçava para não ser vista como muito próxima nem dos Estados Unidos nem da Rússia em termos de cooperação espacial, e a decisão parece estar vagamente ligada à invasão da Ucrânia.

Foi um verão agitado. No mês seguinte, a Índia fez sua segunda tentativa de aterrissagem suave na Lua, lançando o *Chandrayaan-3*, sucessor do *Chandrayaan-2*, de 2019, que havia lançado com sucesso uma nave de pouso, mas perdera contato com os controladores da missão e despencara na superfície. O *Chandrayaan-3* foi equipado com um veículo robótico para a Índia adquirir experiência na travessia da paisagem lunar e também com uma série de equipamentos para experimentos científicos.

O pouso bem-sucedido da nave em 23 de agosto foi uma fonte de imenso orgulho nacional. A Índia se tornou o quarto país a fazer um pouso suave na Lua, e o primeiro a pousar no polo Sul lunar. Isso consolidou o país como líder das potências espaciais de segundo nível e mostrou uma ambição clara de passar para o primeiro grupo. Também contrastou fortemente com o fracasso da *Luna 25* russa apenas alguns dias antes. A missão fez sentido dentro do foco comercial dos planos da Índia, definidos no documento de política espacial de 2023, que convidava o setor privado a assumir a liderança na construção de equipamentos e incentivava as empresas indianas a trabalharem para "desenvolver uma presença comercial próspera no espaço". Quando se trata de mineração de asteroides ou da Lua, o documento afirma que as empresas privadas "envolvidas nesse processo terão o direito de possuir, deter, transportar, usar e vender qualquer recurso de asteroide ou do espaço que tenha sido obtido de acordo com a legislação aplicável, incluindo as obrigações internacionais da Índia". Isso coloca o país na mesma órbita do Japão, dos Estados Unidos e de Luxemburgo, que também estão desenvolvendo a infraestrutura legal para que suas empresas possam extrair recursos.

A maioria das mais de 140 start-ups espaciais indianas está investindo em lançamentos de satélites e operações de coleta e análise de dados; porém, como signatário dos Acordos Ártemis e tendo capacidade própria de chegar à Lua, o governo tem expectativas altas. Como disse o ministro das Relações Exteriores, Jitendra Singh: "Depois de um salto quântico em nosso conhecimento espacial, a Índia não pode mais ser deixada para trás na marcha para a Lua".

A Austrália é parceira quadrilateral da Índia, e grande parte do seu pensamento acerca de questões militares também se volta para a China. No entanto, ao contrário da Índia, a Austrália não tem como se defender de um potencial ataque cinético chinês contra qualquer um dos poucos satélites que possui. O país é enorme, mas atualmente é pequeno em termos de capacidade espacial. A situação agora está prestes a mudar — a Austrália pretende tornar-se uma potência espacial de capacidade média até 2030, em consonância com sua condição atual de potência de capacidade média na terra e no mar.

A posição da Austrália no hemisfério Sul atraiu um aliado que procurava um local seguro onde instalar estações para coleta de dados de inteligência e rastreamento espacial: os Estados Unidos. As bases na Austrália podem ser situadas em locais remotos, o que ajuda a mantê-las seguras e onde quase não há interferência de radiofrequência. Essas estações podem se voltar para segmentos do espaço que não são vistos no hemisfério Norte, e estão bem posicionadas para monitorar trajetórias de lançamento espacial e órbitas geossíncronas chinesas. Em 1961, a Austrália assinou um acordo com os Estados Unidos para estabelecer várias dessas bases por todo o país. Algumas foram utilizadas com o propósito de rastrear foguetes de missões espaciais norte-americanas, incluindo o pouso na Lua em 1969. A mais conhecida é a instalação de Pine Gap, que, se não se situasse nas redondezas de Alice Springs, no Território do Norte, ficaria no meio do nada.

Pine Gap é possivelmente o maior centro norte-americano de coleta de dados de inteligência fora dos Estados Unidos e um dos laços mais fortes que unem os dois países em uma relação de confiança mútua. A Austrália está sob o "guarda-chuva nuclear" dos Estados Unidos, e isso requer uma contribuição para a eficácia desse esquema. A base foi inaugurada em 1970, mas somente em 1988 foi denominada Instalação de Defesa Conjunta de Pine Gap. A palavra "conjunta" reflete uma mudança na forma como a instalação funcionava. Oficiais de defesa australianos ganharam posições administrativas mais elevadas, incluindo vice-chefe de instalação, e tornou-se um mantra que todas as atividades em Pine Gap "transcorressem com pleno conhecimento e concordância do governo australiano".

Em 2013, o então ministro da Defesa australiana, Stephen Smith, reiterou tal posição em um discurso proferido diante do Parlamento, ao mesmo tempo em que afirmou que a aliança começava a expandir a "cooperação nas áreas modernas de comunicações cibernéticas por satélite e no espaço". Entre as instalações existentes em Pine Gap há uma estação terrestre retransmissora que integra o sistema infravermelho norte-americano baseado no espaço (na sigla em inglês, SBIS), o qual emite alertas sobre lançamentos de mísseis balísticos. Há mais países com armas nucleares no Indo-Pacífico que em qualquer outra região — China, Coreia do Norte, Paquistão, Índia e Estados Unidos. Portanto, o acesso da Austrália ao SBIS é um recurso vital de defesa.

Em 2022, Camberra criou seu Comando Espacial de Defesa, no âmbito da Força Aérea Real Australiana. Foi um sinal de que o governo reconheceu esse novo domínio da geopolítica e da guerra, e de que isso requer certo nível de autonomia e soberania. Tal posição refletiu-se em um documento divulgado no mesmo ano, que tratava do desenvolvimento de capacidades "a serem reconstituídas, caso fiquem comprometidas, e defendidas, caso estejam sob ataque". É uma referência à construção de um grande número de pequenos satélites capazes de serem rapidamente substituídos, se destruídos em órbita. Não ficou especificado quantos deles seriam militares, mas é provável que alguns fossem pelo menos de "dupla utilização". A chefe do Comando Espacial, a vice-marechal da Aeronáutica Catherine Roberts, admite que a Austrália ficou "bem para trás" e precisa "acelerar o desenvolvimento de suas capacidades, para podermos lidar com as ameaças".

A necessidade de criar um comando espacial aumentou quando a Austrália assinou a aliança de defesa Austrália/Reino Unido/Estados Unidos (Aukus, na sigla em inglês), em 2021. A aliança Aukus é centrada em um acordo para fornecer à Austrália submarinos com propulsão nuclear, mas consta igualmente o entendimento de que os três países devem cooperar no espaço. Os norte-americanos já contavam com a Força Espacial, os britânicos com o Comando Espacial, e assim o Comando Espacial de Defesa da Austrália foi criado poucos meses após a assinatura do pacto.

Em termos comerciais, a Austrália está atrasada — a agência espacial civil do país só foi criada em 2018. É pequena, mas se mostra bastante focada e ambiciona fazer crescer a indústria comercial nacional, até 2030, de 10 mil empregos e um valor de 3,9 bilhões de dólares australianos para 30 mil empregos e valor de 12 bilhões de dólares australianos. Uma meta ousada, mas ao menos já se busca alcançá-la. A carência de um sistema próprio de satélites na Austrália significa que a nação atualmente depende de outros países para previsão do tempo e para monitorar desastres naturais, de vulcões a incêndios florestais. A Austrália depende de dados coletados pelo Japão, pela China, pela Agência Espacial Europeia e pelos Estados Unidos. Um plano de dez anos para corrigir tal carência deverá supostamente resultar em uma constelação australiana de satélites dedicados ao clima, à comunicação e às Forças Armadas em funcionamento até meados da década de 2030, mas os cortes orçamentários anunciados em julho de 2023 enfraqueceram essa ambição. Isso deixará a Austrália mais dependente de terceiros para obter dados de satélite e significa que o país continuará sendo um participante júnior no segundo escalão de potências espaciais.

No que concerne ao espaço, as relações entre os países do Indo-Pacífico refletem a política e a economia da região. A China procura dominar, tendo criado a Organização de Cooperação Espacial Ásia-Pacífico (na sigla em inglês, Apsco), no intuito de minar a influência japonesa no setor, e obteve algum sucesso com essa política, atraindo países emergentes e cobrindo parte dos custos relacionados ao envolvimento desses países na cooperação. O Japão e a Índia responderam aumentando sua capacidade militar no espaço e intensificando a cooperação entre si e com a Austrália. A China é o maior ator na região, mas dispõe de poucos amigos, mesmo entre os membros da Apsco, enquanto quase todos os demais países da área têm algo em comum — o receio de serem subjugados pelo poderio da China.

Essa cisão significa que há poucas chances de a região como um todo unir-se em uma só organização. Felizmente ainda resta espaço para bastante colaboração em projetos científicos e comerciais; mas, militarmente o futuro parece estar baseado em blocos políticos.

No Oriente Médio existem várias potências espaciais em ascensão, e futuras alianças ainda estão por ser definidas.

Israel, um dos menores países da Terra, criou uma agência espacial já em 1983, sob controle do Ministério da Ciência e Tecnologia, e seis anos depois lançou seu primeiro satélite. Na década anterior, o país tinha sido surpreendido quando seu sistema de alerta militar não foi capaz de detectar a invasão empreendida por forças egípcias e sírias na Guerra do Yom Kippur. O governo concluiu que precisava contar com sua própria capacidade de monitoramento via satélite.

O país partiu do zero em tecnologia de satélites, mas se beneficiou do conhecimento acumulado em tecnologia de foguetes, tendo desenvolvido mísseis balísticos na década de 1960 em cooperação com a França. Nos anos 1980, os foguetes *Jericho-2*, projetados para transportar armas nucleares, foram adaptados para se tornarem o veículo de lançamento espacial *Shavit*.

Israel atualmente conta com uma constelação de satélites de reconhecimento e comunicações.

A maioria dos países lança foguetes espaciais na direção leste, o que, como já vimos, propicia impulso a partir da velocidade de rotação da Terra, mas o *Shavit* lança foguetes para o oeste — contra a rotação do planeta. Esse lançamento "retrógrado" garante o voo dos foguetes sobre o mar Mediterrâneo, e não sobre Israel e os países árabes vizinhos, alguns dos quais permanecem hostis a isso. Mira a proteção das populações, e Israel não quer que seus vizinhos árabes confundam um lançamento espacial com um ataque de míssil.

A rota feita pelo *Shavit* conduz o foguete para cima e direto sobre o Mediterrâneo; depois, o foguete passa pelo "buraco da agulha" — o estreito de Gibraltar — e ascende sobre o Atlântico. A direção oeste requer mais combustível para sair da atmosfera, o que reduz em 30% a quantidade de peso que o foguete pode transportar. Isso constitui uma desvantagem, mas, até certo ponto, Israel transformou o contratempo em algo positivo. Assim como os desafios de segurança enfrentados pelo país levaram ao desenvolvimento do seu poderio espacial, os lançamentos "retrógrados" incentivaram avanços em tecnologia de miniaturização e em desenvolvimento de satélites que, embora mais leves, fornecem imagens de alta resolução e propiciam comunicações seguras. Quanto menor o satélite, mais se pode lançar em um foguete, o que torna o empreendimento mais econômico.

Israel desenvolveu nanossatélites que voam em formação e está trabalhando no telescópio espacial *Ultrasat* (sigla em inglês para Satélite Astronômico Transitório Ultravioleta), a ser lançado em órbita em 2026. O Centro Nacional de Conhecimento sobre Objetos Próximos à Terra visa rastrear objetos que possam ameaçar nosso planeta e encontrar soluções para lidar com eles, e o Centro Israelense de Raios Cósmicos, situado no monte Hermon, monitora fenômenos espaciais potencialmente perigosos, como tempestades solares.

Há também a ambição de Israel de retornar à Lua. Sim, retornar. A empresa privada SpaceIL enviou a espaçonave *Beresheet* à Lua em 2019. Enquanto a nave desacelerava, acima do mar da Serenidade, constatou-se um mau funcionamento de hardware, causando a queda da *Beresheet*. A espaçonave ainda está lá, e em seu interior ainda há uma cópia miniaturizada da Bíblia em hebraico, cuja primeira palavra é "*Beresheet*", que significa "Gênese" ou "No começo".

Foi apenas o início. Um ano após o acidente, Israel e os Emirados Árabes Unidos assinaram os Acordos de Abraão, normalizando suas relações. Ambos os países são líderes mundiais em tecnologia espacial e, portanto, havia lógica no anúncio feito em 2022 de que a missão Beresheet 2 seria um projeto conjunto das duas nações, embora a liderança vá ficar com a SpaceIL.

Com lançamento previsto para 2025, uma nave-mãe será colocada em órbita da Lua e, em seguida, deverá liberar dois módulos lunares, um na superfície voltada para a Terra, outro na face oculta — região na qual apenas a China se aventurou até hoje. Se for bem-sucedido, será o primeiro pouso duplo, e os dois módulos de pouso seriam as menores naves a chegarem à Lua, cada uma pesando apenas 120 quilos, já contado o combustível. A nave-mãe, então, orbitará por mais cinco anos, enviando dados para a Terra, inclusive informações sobre alterações climáticas, desertificação e mananciais aquáticos — assuntos de interesse para ambos os países.

Em 2019, a placa fixada na lateral da *Beresheet 1* dizia: "Pequeno país, grandes sonhos". Os dizeres também poderiam se aplicar aos Emirados Árabes Unidos, cujo programa espacial é o mais ambicioso do Oriente Médio. O pequeno país árabe, rico em energia, só veio a lançar seu primeiro satélite de observação em 2009 (do Cazaquistão), e não dispunha de uma agência espacial até 2014. No entanto, em 9 de fevereiro de 2021, a espaçonave *Hope* alcançou a órbita de Marte, com o objetivo de estudar a atmosfera do planeta, tornando os Emirados Árabes Unidos a quinta entidade na história a chegar ao Planeta Vermelho, depois dos Estados Unidos, da União Soviética, da Agência Espacial Europeia e da Índia. A China foi a sexta: sua nave *Tianwen-1* chegou apenas 24 horas mais tarde.

A presidente da Agência Espacial dos Emirados Árabes Unidos, Sarah Al Amiri, não se contentou com essa façanha impressionante. Sua equipe agora trabalha em uma missão para fazer voar uma nave por 3,6 bilhões de quilômetros, passando por Vênus e pousando em um asteroide. A meta de lançamento é 2028, e o pouso está programado para 2033. A agência foi criada como parte do projeto de ampla diversificação econômica levado a termo pelos Emirados Árabes na tentativa de se afastar da dependência de receitas provenientes de petróleo e gás. A medida se enquadra na ambição de transformar a nação em um centro de tecnologia avançada. O país já demonstra capacidade de construir seus próprios satélites e está desenvolvendo uma pequena constelação de satélites chamada Sirb — palavra árabe que significa "bando de pássaros".

Os Emirados Árabes, assim como Israel, são signatários dos Acordos Ártemis. Isso não proíbe a cooperação com outras nações, mas há quem esteja ressabiado com o grau de acesso à sua indústria espacial que os Emirados Árabes têm permitido à China. A companhia telefônica Huawei encontra-se muito bem inserida no país, tendo construído a rede 5G nacional. Garantias de que não há "*back doors*", acessos clandestinos através dos quais a China poderia obter informações de segurança, não têm aplacado a apreensão dos aliados ocidentais. Em 2021, os Estados Unidos suspenderam um acordo para vender aos Emirados Árabes cinquenta jatos F-35 alegando preocupações com segurança. Os caças não utilizariam a tecnologia 5G da Huawei, mas as estações terrestres e as torres de comunicações do sistema poderiam facilmente obter dicas sobre o funcionamento da última geração de caças norte-americanos. Em meados de 2023, os dois lados ainda estavam discutindo sobre uma forma de resolver a questão.

Os Emirados Árabes pretendiam fazer voar seu robô *Rashid 2* junto à missão chinesa à Lua, em 2026, e possivelmente operar perto de um dos locais de pouso propostos para a missão tripulada Ártemis 3. No entanto, em março de 2023 as restrições tecnológicas norte-americanas que miravam impedir a colaboração com a China derrubaram o plano, já que o *Rashid 2* tem componentes fabricados nos Estados Unidos. Apesar disso, a China afirma que os Emirados Árabes ainda fazem parte de seus planos gerais de cooperar com vários países na construção de sua base lunar.

O outro país do Oriente Médio com capacidade própria de lançamento é o Irã. Em 1999, Teerã anunciou a ambição de construir satélites e também os foguetes necessários para colocá-los em órbita. No entanto, os planos relacionados ao desenvolvimento de foguetes foram empregados sobretudo como uma espécie de cortina de fumaça para encobrir o desenvolvimento de mísseis de longo alcance.

A Agência Espacial Iraniana funciona sob a égide do Ministério das Comunicações e da Tecnologia da Informação, mas as empresas que fabricam foguetes espaciais também constroem mísseis e são subsidiárias do Ministério da Defesa. A força militar mais poderosa do país, o Corpo da Guarda Revolucionária Islâmica do Irã (CGRI), opera seu próprio programa espacial e se reporta diretamente ao Líder Supremo, e não ao presidente. Em 2020, o CGRI lançou seu próprio satélite, explicitamente militar, somando-o ao punhado de satélites construídos internamente e operados pelo país. Um segundo satélite de reconhecimento foi lançado em 2022.

Portanto, o Irã pode construir, lançar e operar satélites, mas ainda não é capaz de fazê-lo com grande destreza. Os foguetes costumam falhar e os satélites são em geral de baixa qualidade, têm vida útil curta e limitam-se à órbita terrestre baixa. Contudo, os cientistas iranianos estão sempre aprendendo e se aperfeiçoando, e são audaciosos, embora a promessa de colocar um homem no espaço até 2025 pareça um tanto inviável. Em 2013, o Irã havia estabelecido 2018 como prazo final. O então presidente Mahmoud Ahmadinejad ofereceu-se heroicamente para ser o primeiro astronauta iraniano, e disse que estava disposto a sacrificar a própria vida pelo bem do ambicioso programa espacial do Irã. Felizmente para ele, o projeto nunca decolou. Agora, com o prazo de 2025 se aproximando, o ano de 2032 foi considerado mais realista para o encontro com o destino.

Quando o presidente Ebrahim Raisi chegou ao poder em 2021, sua administração lamentou o estado "deplorável" do programa espacial e prometeu revigorá-lo. O chefe da agência espacial foi demitido e um compromisso foi firmado para se colocar um satélite em órbita geoestacionária em cinco anos. O Irã, segundo declarações feitas à época, haveria de ser a maior potência espacial do Oriente Médio. O número de lançamentos de satélites à órbita terrestre baixa aumentou e há planos para um novo centro de lançamento, a ser construído na cidade portuária de Chabahar.

Localizada no sudeste do país, a cidade fica próxima à linha do Equador e por isso os foguetes podem seguir para leste, sobre o oceano Índico, após a decolagem. Um acordo assinado com a Rússia no final de 2022 combinando a construção conjunta de satélites deve acelerar o desenvolvimento iraniano na área.

O Irã tenta limitar os avanços obtidos por potenciais concorrentes na corrida espacial, tais como Israel e os Estados Unidos. Teoricamente, o país poderia tentar adaptar um de seus mísseis balísticos de médio alcance, transformando-o em um abatedor de satélites, mas a precisão necessária para atingir um alvo a trezentos quilômetros acima da Terra, deslocando-se a 7,8 quilômetros por segundo, está muito além da atual capacidade iraniana. Bloquear a comunicação e hackear um satélite é mais barato e mais fácil, e Teerã tem experiência nisso. Há anos dezenas de transmissões em língua persa emitidas para o Irã vêm sendo bloqueadas. Serviços de internet via cabo são rigorosamente censurados, e portanto milhões de cidadãos comuns iranianos recorrem a satélites para obter informações, o que significa que o governo empreende uma batalha constante para rastrear e bloquear sinais vindos de fora do país.

O Irã utiliza o espaço sideral para os mesmos fins civis e militares que muitas outras nações e, a exemplo da maioria, esconde os aspectos militares. Devido aos esforços que faz para obter armas nucleares (o que o país nega), muitas potências demonstram apreensão diante do programa espacial iraniano e buscam interrompê-lo. No entanto, grande parte do mundo tecnologicamente menos capacitado concorda com a visão de Teerã, de que o espaço não pode pertencer exclusivamente ao clube daqueles que lá chegarem primeiro e deve permanecer aberto a todos para atividades científicas, econômicas e — sim — até mesmo militares.

Os países africanos decerto concordam. Muitos dispõem de suas próprias agências espaciais, entre os quais África do Sul, Nigéria, Quênia, Botsuana e Ruanda. Poucos têm ambições viáveis, a curto prazo, de participar da exploração espacial, mas argumentam que qualquer ordenamento jurídico relativo às atividades no espaço deve refletir um esforço global. A maioria não tomou partido na corrida espacial China × Estados Unidos e se dispõe a trabalhar com o país que oferecer as melhores condições para acelerar o desenvolvimento de suas próprias indústrias espaciais. Por exemplo, os dois primeiros satélites de comunicação da Nigéria foram lançados pela China, mas em 2022 tanto a própria Nigéria quanto Ruanda assinaram os Acordos Ártemis, liderados pelos Estados Unidos. A Rússia lançou o maior número de satélites para países africanos, seguida pela França, Estados Unidos, China, Índia e Japão.

A União Africana (UA) incluiu o desenvolvimento de uma estratégia espacial para todo o continente como um dos programas-chave da sua Agenda 2063, um planejamento de longo prazo para melhorar os padrões de vida da população de 1,2 bilhão de habitantes (e em rápido crescimento). A UA reconhece que a África não pode continuar a ser mera importadora de tecnologia espacial e apoia o rápido crescimento de empresas start-up focadas no espaço. Entretanto, apesar de ter baixado em 2017 uma resolução para estabelecer uma Agência Espacial Africana, escolhendo o Egito para sediar a instituição, a UA tem feito pouco progresso. Em vez disso, os países estão avançando individualmente.

Embora muitos deles tenham suas próprias agências espaciais nacionais, não há instalações de lançamento no continente africano. Durante os anos do apartheid, a África do Sul era uma potência nuclear e desfrutava de capacidade para enviar foguetes ao espaço, a partir do campo de testes Denel Overberg, situado no litoral sul, a duas horas e meia da Cidade do Cabo. O país realizou voos de testagem para os mísseis israelenses *Jericho-2*, bem como três foguetes sul-africanos que atingiram trajetórias suborbitais no final da década de 1980. Mas isso mudou em 1989, quando F. W. de Klerk chegou ao poder buscando acabar com a era do apartheid, e ordenou o encerramento do programa nuclear. Em 1991, a África do Sul assinou o Tratado de Não Proliferação Nuclear e, como parte do processo, a plataforma de lançamento de mísseis de longo alcance em Overberg foi desativada. Desde então, nenhum país africano dispõe de capacidade de lançamento.

Essa situação pode mudar. No início de 2023, o Djibuti assinou um memorando de cooperação com o Grupo de Tecnologia Aeroespacial de

Hong Kong (na sigla em inglês, HKATG) para a construção de um espaçoporto no país africano. O plano estabelece que o pequeno país localizado no Chifre da África disponibilize um terreno de no mínimo dez quilômetros quadrados e permita um arrendamento de 35 anos, após o qual a infraestrutura seria entregue ao governo do Djibuti. O projeto de 1 bilhão de dólares contempla a construção de instalações portuárias e estradas para facilitar o transporte de equipamento aeroespacial chinês até o local, onde estão previstas sete plataformas de lançamento de satélites e três de testagem de foguetes.

Se o projeto for adiante, a China contará com um espaçoporto situado em local-chave na África — o Djibuti fica perto da linha do Equador, o que reduz os custos de lançamento. O país também hospeda uma base naval chinesa, concedendo à China acesso ao mar Vermelho bem no ponto nevrálgico, onde o mar se estreita antes de se abrir no golfo de Aden. Acrescentar uma instalação espacial ao seu portfólio, e em uma localização estrategicamente tão importante, confere a Beijing grande influência na região. O Djibouti obtém prestígio, investimento interno em uma indústria de alta tecnologia e, algumas décadas adiante, herdará um espaçoporto.

No futuro imediato, os satélites serão uma importante área de crescimento para muitos países africanos. A maioria das economias africanas é muito dependente da agricultura e fica vulnerável aos efeitos das alterações climáticas. Desde que o primeiro satélite do continente entrou em órbita, em 1998, mais de quarenta foram enviados, e o índice de lançamento tem aumentado. O primeiro foi o *Nilesat 101*, do Egito, cuja função era fornecer serviços de multimídia para 5 milhões de lares, mas atualmente a maioria dos satélites é projetada para monitorar o meio ambiente. Os dados podem ser utilizados para mapear alterações nas dimensões de florestas e lagos, e funcionar como um sistema de alerta diante de riscos iminentes. Servem também para incrementar a produção de alimentos. A Universidade de Gana firmou parceria com a Rainforest Alliance e outros grupos no projeto SAT4Farming, que auxilia dezenas de milhares de produtores de cacau no país a aumentar colheitas e receitas fornecendo informações sobre lotes individuais de terra.

A África do Sul constrói seus próprios satélites e, em 2022, valeu-se da SpaceX para colocar em órbita três nanossatélites projetados e construídos na Cidade do Cabo. As três máquinas, cada uma medindo apenas 20 × 10 × 10 centímetros, integram a constelação de Satélites de Percepção do Domínio Marítimo, cujo propósito é detectar e identificar navios ao largo do litoral do país. Sua Zona Econômica Exclusiva (ZEE) estende-se por duzentas milhas náuticas a partir da orla e, como a costa é muito extensa, a ZEE sul-africana é maior que a área em terra. Os nanossatélites permitem agora o controle do território com muito mais precisão que em décadas anteriores.

A Nigéria também tem seus próprios satélites, que auxiliaram o governo a monitorar a insurgência do Boko Haram no norte do país. No entanto, as limitações na cobertura foram expostas em 2021, após outro sequestro em massa de meninas. O chefe da Agência Nacional de Pesquisa e Desenvolvimento Espacial admitiu que o órgão não era capaz de rastrear o movimento do grupo que havia sequestrado as meninas porque o satélite de imagens de alta resolução utilizado "não estava estático [acima de] onde a insurgência ocorria". Mais satélites propiciarão maior cobertura, e poderão ajudar a Nigéria em sua já consolidada tradição de enviar forças de manutenção da paz para zonas de guerra no continente.

O outro foco principal na África é a astronomia. O céu noturno africano, relativamente livre de luz artificial, tem atraído investimentos sólidos da parte de empresas estrangeiras e também o interesse de acadêmicos. África do Sul, Etiópia, Egito, Nigéria, Namíbia, Ilhas Maurício e Gana hospedam grandes observatórios astronômicos, e há uma indústria crescente de astroturismo para astrônomos amadores entusiastas.

A África meridional está particularmente bem-posicionada tanto para astronomia visual quanto para radioastronomia. Existem vastas áreas quase desabitadas, com zonas "silenciosas" de rádio, céu limpo e visão direta da Via Láctea. Tal vista é o motivo pelo qual um dos maiores radiotelescópios do mundo está situado no cabo Norte, na África do Sul. O telescópio *MeerKAT* foi financiado pelo governo sul-africano e construído a um custo de 330 milhões de dólares, ao longo de dez anos. O aparelho abrange 64 antenas parabólicas, cada uma com vinte metros de altura.

Desde sua implantação em 2018, o *MeerKAT* obteve uma sequência de sucessos, incluindo a descoberta de galáxias gigantes anteriormente desconhecidas, apesar de serem 22 vezes maiores que a Via Láctea. Nos próximos anos, ele será incorporado ao radiotelescópio *Square Kilometre Array* (o SKA, um projeto internacional que reúne quase duzentas antenas parabólicas interligadas e 131 mil antenas comuns, na África do Sul e na Austrália, financiado por mais de uma dezena de países, incluindo Índia, China, Itália e Portugal). Quando concluída, por volta de 2030, será a maior estrutura científica do mundo — embora espalhada por mais de 150 quilômetros. Se colocarmos todas as parabólicas e antenas comuns juntas, elas cobririam cerca de um quilômetro quadrado, daí o nome.

O SKA será capaz de ver através das nuvens de poeira cósmica que obscurecem telescópios espaciais ópticos, e a expectativa é que vá revolucionar nosso conhecimento. Alega-se que é tão sensível que pode receber sinais de radar de um aeroporto em um planeta a trilhões de quilômetros de distância — caso tal coisa exista. Trata-se de um exemplo de como a cooperação entre países e empresas beneficia a todos. Vimos outros tantos exemplos nas décadas da era espacial e, apesar da polarização no mundo, ainda há muitos esforços conjuntos, científicos e comerciais, em andamento. Contudo, quando se trata de política "dura", voltamos à dura realidade.

NENHUM DOS PAÍSES MENCIONADOS ACIMA, nem outros potenciais participantes, como Brasil, Turquia e Indonésia, parecem estar prontos para desafiar a hegemonia das três grandes potências espaciais. Temos a Agência Espacial Latino-Americana e Caribenha, composta por sete membros e criada em 2020, que, assim como a Agência Espacial Africana, está focada em desenvolvimento. Há também o Grupo de Cooperação Espacial Árabe, formado em 2019, mas tem havido pouca intercomunicação. Os onze países-membros reúnem-se anualmente, mas até o momento a maior parte das atividades ocorre em nível estatal. A colaboração entre esses blocos de interesses espaciais, ao mesmo tempo que constrói soberania quanto à capacidade de produzir satélites, faz sentido para a maioria dos países, embora o progresso da Agência Espacial Africana demonstre as armadilhas, caso o bloco seja prejudicado pela inércia.

Além da ESA, os dois blocos que realmente contam em termos geopolíticos e astropolíticos são os Acordos Ártemis, liderados pelos Estados Unidos, e o acordo lunar sino-russo. Os três blocos tentam moldar normas de comportamento no espaço e no direito internacional. Em termos gerais, a ESA está mais próxima da visão norte-americana do que da sino-russa. Outros países devem avaliar não apenas o que pensam sobre determinada questão espacial, mas de que maneira seu posicionamento junto a um bloco ou outro afetará seus relacionamentos. À medida que o setor cresce em importância econômica e militar, crescerá também a pressão por um posicionamento. Assim na Terra como no espaço.

PARTE III

Futuro passado

CAPÍTULO 9

Guerras espaciais

Duas coisas são infinitas: o Universo e a estupidez humana; e não tenho certeza quanto ao Universo.
ALBERT EINSTEIN

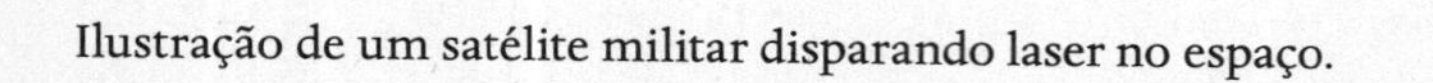

Ilustração de um satélite militar disparando laser no espaço.

Cada vez que a humanidade se aventurou em uma nova esfera, levou consigo a guerra. A construção naval resultou em navios de guerra. Os aviões levaram a caças e bombardeiros. O espaço não é diferente, e o campo de batalha começa a tomar forma.

Sabemos que faltam arcabouços legais significativos para orientar operações pacíficas no espaço; que cada vez mais países estão se envolvendo; e que já começam a surgir tensões em torno de questões críticas, desde pontos de Lagrange a bases lunares. Se estamos nos encaminhando para conflitos espaciais — como eles podem ser?

Conceitualmente, alguns autores que abordam temas relacionados à astropolítica argumentam que a guerra espacial deveria ser enquadrada como uma luta por linhas celestiais de comunicação. Assim como países contestaram as rotas marítimas na Terra, e as vias de comunicação e o comércio que as acompanham, eles vão disputar as rotas orbitais no espaço. Alguns autores, como o dr. Bleddyn Bowen, especialista em guerra espacial, referem-se às rotas orbitais como "litoral cósmico", visto que as potências terrestres podem projetar seu poderio no espaço, dominando a área acima deles tanto quanto dominam os mares em seu litoral. Pensar no espaço como um "território elevado" — como um local que precisa ser ocupado para que seja possível comandar o solo/o campo de batalha abaixo — também pode ser útil para o leigo. Mas nem todos concordam com essa terminologia. O dr. Bowen acha que a expressão é mal utilizada, que sugere que os domínios espaciais devem ser defendidos a todo custo, e prefere referir-se ao espaço simplesmente como "um local onde se pode obter alguma vantagem".

Mas, não importa como a questão seja enquadrada, a maioria dos analistas concorda que no curto prazo nenhuma potência será capaz de dominar o espaço, e que — por enquanto — mesmo o fato de determinada nação acumular o maior poderio espacial não há de garantir o comando da Terra. No entanto, de modo geral, os analistas também concordam que, à medida que o espaço cresce em importância tanto em termos militares como econômicos, o grau de competição também vai crescer. E uma vez que, teoricamente, uma potência poderia obter o controle em dado momento, as principais nações estão investindo no setor para não ficarem fora do páreo, enquanto os países do segundo escalão buscam reduzir sua dependência ou mesmo sua subjugação diante das Três Grandes.

As peças necessárias para o que podem vir a ser nossas primeiras "guerras espaciais" já estão devidamente posicionadas.

Nesta década, pelo menos, uma guerra no espaço refletiria sobretudo uma guerra na Terra. Dado que hoje as potências tecnologicamente avançadas dependem tanto do espaço, o domínio ali é central para o pensamento militar moderno. Sem satélites, os comandantes não saberiam posicionar seus porta-aviões, mísseis de longo alcance e tropas. Tampouco saberiam localizar com precisão o inimigo.

O professor Everett Dolman assinala que, no curto prazo, é provável que qualquer conflito no espaço resulte de tensões na região da Ásia-Pacífico, envolvendo China, Taiwan, Índia, Japão e Estados Unidos:

> A capacidade dos Estados Unidos de exercerem poderio militar hoje depende quase inteiramente de apoio espacial. Isso inclui orientação de precisão, inteligência e vigilância, e a vontade política de agir, vontade essa que decorre da ilusão de pleno conhecimento da mobilização e das intenções inimigas. Seria, portanto, uma tremenda vantagem para a China anular o apoio espacial dos norte-americanos antes de iniciar qualquer ação militar terrestre à qual os Estados Unidos se oporiam.

Isso não é inevitável, e existem muitas influências restritivas — mas isso também foi verdade no passado, quando, por conta de erros de cálculo e mal-entendidos, países precipitaram-se e se viram envolvidos em guerras. Nações também já embarcaram em guerras por escolha própria. O cenário descrito abaixo, baseado em uma guerra de escolha, é apenas uma possibilidade de como podemos ver o espaço protagonizando nossos conflitos na Terra.

2 de maio de 2030, 3h09. Estação da Força Aérea de Cheyenne Mountain, Colorado.

Uma especialista 4 (Spc4/E-4) de plantão no turno da noite, operando os sistemas espaciais, percebe que dois satélites chineses se aproximam de um satélite norte-americano que supervisiona o estreito de Taiwan. Ela é uma "Guardiã" — como são chamados os membros da Força Espacial — relativamente júnior, mas levando em conta a concentração militar chinesa ao longo da costa sabe que a informação precisa ser encaminhada de imediato.

O Exército de Libertação Popular passou os três meses anteriores movimentando navios, tropas e equipamentos de desembarque ao longo do litoral, sinalizando um possível ataque contra Taiwan. Os norte-americanos estão atônitos. O posicionamento e a concentração de forças apontam para uma invasão pelo estreito, mas a quantidade de equipamento de desembarque não chega nem perto do necessário para um ataque anfíbio.

2 de maio, 7h24. Os satélites chineses aproximam-se ainda mais, e o relatório inicial preparado pela Spc4 já está na Casa Branca. Uma mensagem diplomática urgente é enviada a Beijing: "Os senhores estão perto demais. Afastem-se". A resposta volta no mesmo dia. A China insiste que seus satélites não têm más intenções, e cita um trecho dos Tratados e Princípios sobre o Espaço Sideral, da ONU, firmados em 2002: "Deve haver livre acesso a todas as áreas dos corpos celestes". De quebra, a República Popular lembra a Washington a crise de 2028, quando os Estados Unidos "inspecionaram" de perto um satélite chinês.

A tensão permanece elevada durante o mês de maio, especialmente depois que os Estados Unidos lançam dois pequenos satélites "guarda-

-costas", que manobram e se posicionam entre as máquinas chinesas e a norte-americana. Uma semana depois, em demonstração de solidariedade, o Reino Unido faz o mesmo.

1º de junho. A história saiu das manchetes — nada aconteceu e, de qualquer maneira, chegou a estação das monções no estreito, clima nada propício a invasões.

4 de setembro. As águas estão calmas — mas a tensão diplomática está prestes a entrar em mares agitados.

12 de setembro, 9h20. Um satélite australiano, conectado à aliança de inteligência Cinco Olhos, sai misteriosamente de sua órbita e entra na atmosfera, queimando por completo. Outro satélite chinês manobra lentamente, aproximando-se de um satélite dos Estados Unidos, o qual faz parte do sistema norte-americano de comando e controle para dissuasão nuclear. Washington aumenta seu nível de alerta. Impor riscos eventuais à capacidade norte-americana de monitorar o estreito é uma coisa; interferir na questão da dissuasão nuclear é algo bem diferente. Se parte do sistema de alerta falhar, os Estados Unidos estarão suscetíveis a um ataque nuclear de surpresa.

Os norte-americanos exigem uma reunião de emergência do Conselho de Segurança da ONU, na qual propõem "zonas de distanciamento" para satélites, segundo as quais os países não podem se aventurar além de determinada distância. Nada resulta da reunião, nem da proposta. Beijing reitera que adere à regra geral, dessa vez apontando para o Tratado do Espaço Sideral, que afirma que o espaço "não está sujeito à apropriação nacional por reivindicação de soberania".

19 de setembro, 19h41. Visto que navios chineses começaram a realizar embarque e desembarque de tropas, Washington desloca uma frota de porta-aviões da baía de Tóquio com ordens para ir ao encontro de um porta-aviões japonês próximo a Okinawa, a uma hora de voo de Taiwan.

Os britânicos despacham os porta-aviões *Queen Elizabeth* de Portsmouth, e os novos submarinos nucleares australianos dirigem-se ao mar das Filipinas. A Índia e a Coreia do Sul pedem comedimento.

3 de outubro, 4h (horário do Pacífico). A coisa acontece. Mas não é exatamente o que os norte-americanos temiam. A frota chinesa sai dos portos ao longo da costa, contando com cobertura aérea. Vinte minutos depois, os dois satélites que estavam "perto demais" interferem nas câmeras do satélite norte-americano responsável pela vigilância do estreito, "cegando-as". Ao mesmo tempo, satélites norte-americanos, japoneses e australianos em toda a região são bloqueados ou hackeados, por meio de sinais confusos enviados pelos chineses. No momento em que isso ocorre, a "frota de invasão" começa a retornar ao porto, mas os jatos chineses que oferecem cobertura à frota seguem diretamente ao longo da costa até as ilhas Kinmen, território controlado por Taiwan, a apenas três quilômetros da área continental chinesa.

O Exército de Libertação Popular foi derrotado em 1949, e não conseguiu conquistar o arquipélago mais tarde, em 1958, mas agora a batalha acaba quase tão logo inicia. Taiwan deixou a guarnição diminuir de 50 mil soldados, em 2000, para apenas 3 mil ao longo da década de 2020. Taiwan confia na versão mais recente do sistema de armas automáticas de operação remota e curto alcance posicionado nas ilhas Wuchiu, implantado pela primeira vez em 2022, no intuito de desincentivar uma terceira tentativa de invasão. Mas os operadores de guerra eletrônica chineses baseados perto de Mumian, na ilha de Hainan, penetraram no sistema. Enquanto um pequeno contingente de forças especiais ataca a costa, depois de cruzar a curta distância em barcos leves e rápidos, a maioria das armas permanece silenciosa. Além disso, as poucas que ainda operam são apontadas para o lado errado. As forças especiais não são o maior problema. Enquanto a Força Aérea de Taiwan, sem ter conhecimento do verdadeiro alvo, patrulha a ilha principal, a 187 quilômetros de distância, 20 mil paraquedistas chineses descem em Kinmen, sob cobertura total da sua Força Aérea. Trinta por cento das defesas da guarnição agora esvaziada são destruídas já na primeira onda de ataques. É fato consumado — a rendição ocorre às 9h50, e 160 mil cidadãos da ilha estão agora sob o controle da República Popular da China.

Taiwan apela aos norte-americanos para que se juntem a eles em um contra-ataque. Washington declina, e Taiwan tem consciência de que não pode agir sozinha. Mas os norte-americanos sabem muito bem que é preciso haver alguma forma de resposta.

4 de outubro, 10h10 (horário do Pacífico). No dia seguinte, mais dois satélites "guarda-costas", equipados com pequenos foguetes de propulsão, manobram acima dos satélites chineses e usam seus braços robóticos para empurrá-los para baixo, em direção à atmosfera, onde são destruídos. Os chineses ficam indignados, e o que se segue é ainda mais perigoso.

12h55 (horário do Pacífico). Os norte-americanos miram na máquina chinesa mais próxima de um de seus satélites de comando e controle nuclear, e a explodem em milhares de pedaços, com raio laser. Para fazê-lo, valem-se do avião espacial não tripulado *X-40A*, uma versão atualizada do reutilizável *X-37B*, o qual havia desenvolvido capacidade de laser, no início de 2020, para fins pacíficos. O ataque é desferido em ângulo, o que significa que a maioria dos 4 mil detritos resultantes segue para o espaço profundo, mas centenas de fragmentos permanecem em órbita, somando-se aos perigos já enfrentados por astronautas de vários países, incluindo a China. Para piorar a situação, outro satélite dos Estados Unidos está rastreando um modelo chinês utilizado para comunicações navais. No decorrer de 24 horas o satélite norte-americano avança, agarra a antena do satélite chinês e a enverga em 180 graus. Um esbarrão cósmico.

As ameaças por parte de Beijing de retaliar na mesma moeda não dão em nada. No fim das contas, a crise diminui, mas as consequências durarão anos. Estados Unidos, Japão, Austrália, Indonésia e Reino Unido assinam um pacto de defesa com Taipé, afirmando seu apoio no caso de "um ataque ao continente". Mas falta uma garantia de defesa das outras ilhas, entre Kinmen e o continente. Também falta, não obstante a primeira ação militar no espaço devidamente reconhecida, um tratado sobre Conscientização Situacional Espacial.

Agora... de volta à Terra. Qualquer cenário futuro é puramente teórico, e esse acima provavelmente é furado, mas a maior parte da tecnologia mencionada já existe. A Força Espacial possui operadores de sistemas espaciais; a França desenvolveu satélites "guarda-costas" capazes de transportar armamentos para fins "de defesa ativa"; equipamentos que podem interferir na comunicação e hackear satélites já estão disponíveis; a artilharia automática em Wuchiu já foi implantada por Taiwan; e existe um avião espacial *X-37*.

Embora o espaço já possa ser usado para conduzir guerras na Terra, guerras no próprio espaço seriam muito lentas no futuro próximo mais previsível. Satélites já podem atacar uns aos outros, mas manobrar qualquer espaçonave requer movimentos cautelosos, deliberados e precisos. Os operadores precisam calcular a intersecção de diferentes órbitas para colocar uma máquina em posição de onde possa capturar, esbarrar ou até disparar contra outra; portanto, alterar a órbita de um satélite exige muito esforço. E embora os satélites se movam com extrema velocidade, mais rapidamente que uma bala, o espaço é muito, muito vasto. Consideremos a área entre a órbita terrestre baixa (começando em 160 quilômetros acima de nós) e a órbita geoestacionária (35 786 quilômetros acima). O volume entre essas duas órbitas é 190 vezes maior que o volume da Terra. É muito espaço para se cobrir.

Se alguém fizer um filme de guerra em tempo real, ambientado no espaço, com um satélite perseguindo outro, o espectador vai precisar de um dia inteiro de folga do trabalho e de muita pipoca. E café. Mas as chances de se perder alguma parte da ação em uma ida ao banheiro são mínimas.

Existem vantagens e desvantagens nessa lentidão de movimento. Isso permite aos adversários tempo para entrarem em contato uns com os outros e tentarem resolver uma crise iminente. No entanto, a situação também aumenta o risco de ataques preventivos. Caso constate que um rival esteja deslocando vários satélites para posições que possam se tornar claramente ameaçadoras, um país pode ser tentado a atacar o que às vezes é chamado de *kill chain*, encadeamento letal — a infraestrutura terrestre que fornece apoio aos satélites do potencial inimigo. Isso pode ser feito por meio de guerra cibernética. Mesmo que fosse tratada diplomaticamente — por exemplo, mediante justificativas de que se trata de uma "resposta proporcional" a um comportamento ameaçador e que outros ataques não seriam realizados —, a ação poderia facilmente desencadear retaliação. O país que sofreu o primeiro "ataque" poderia reagir, disparando uma Asat contra um dos satélites do adversário, também reivindicando proporcionalidade. A essa altura, qualquer coisa poderia acontecer, de nenhuma ação posterior até uma guerra nuclear.

As Asats, armas antissatélite de ascensão direta, são uma ameaça constante para todos os satélites, mas uma questão importante é a segurança daqueles satélites que são cruciais para os sistemas de alerta mantidos pelas potências nucleares. Alguns sistemas avisam sobre o lançamento do que poderia ser um míssil nuclear, enquanto outros (por exemplo no âmbito da rede de Satélites Avançados de Altíssima Frequência, dos Estados Unidos) são para uso em comunicações, após um ataque nuclear. Cada um desses sistemas custa mais de 1 bilhão de dólares, tem a dimensão de uma casa pequena e qualquer sinal de ameaça contra eles deixa os respectivos proprietários muito, muito apreensivos.

Os modelos futuros serão mais sofisticados e mais caros. Os Estados Unidos estão construindo um sistema de satélites de alerta chamado Next-Generation Overhead Persistent Infrared (NG-Opir), que estará em serviço até 2030 e custará bilhões de dólares. As instalações serão do tamanho de casas, alvos bastante tentadores, e mais um exemplo da necessidade de tratados, especialmente dado o problema da Consciência Situacional Espacial descrito acima em nosso cenário de guerra.

Na ausência de acordo sobre tais assuntos... à medida que a competição se intensifica, a probabilidade de conflito aumenta. Talvez ainda não estejamos lá, mas consideremos o cenário a seguir, que pode não estar muito distante.

4 de abril de 2038, 5h10 (horário da Lua). Estrutura Lunar Integrada Ártemis (Elia). O turno japonês de vigília lunar vem rastreando uma espaçonave russa desde o dia anterior, quando foi lançada do cosmódromo Plesetsk, ao norte de Moscou. Em poucos minutos, ficou evidente que a nave estava a caminho da estação lunar russa, situada a quinhentos quilômetros da base multinacional Elia, mas ao longo da última hora os operadores do turno da noite observaram que a trajetória foi alterada. Agora a nave parece se dirigir a algum ponto entre a estação russa e a base multinacional. Então, mais uma vez, a nave muda de rumo. Os operadores fazem alguns cálculos rapidamente, e acionam o botão de alarme.

Em flagrante violação aos Acordos Ártemis, a nave de pouso russa segue diretamente para a base britânica localizada na região dos Picos de Luz Eterna, no polo Sul lunar. Mas a Rússia não é signatária dos Acordos Ártemis, e Moscou há muito tempo argumenta que não está vinculada a qualquer artigo do documento, muito menos às autodenominadas "zonas de segurança", como aquela especificada pelos britânicos nas imediações da Cratera Shackleton. Trata-se de um território lunar valioso, devido aos enormes mananciais de água congelada e metano existentes no interior da cratera, que, ao contrário dos picos, permanece em sombra eterna.

O alarme soa nas quatro bases dos Estados-nação que integram o Ártemis — Reino Unido, Estados Unidos, Japão e Emirados Árabes Unidos —, mas são os britânicos que têm que agir prontamente. Um veículo robótico é conduzido para bloquear a pista de pouso, e a proteção das eclusas de descompressão da estação é reforçada. Às 5h55, aproveitando-se do terreno relativamente plano, a nave russa começa a deslizar ao longo do lado direito da pista de pouso, a fim de evitar o veículo robótico. Às 6h09 ocorre um desastre. Uma pedra pequena e lisa atinge a parte inferior da nave, e uma das asas oscila e toca o solo. A força do impacto faz a nave girar 360 graus e pender ligeiramente para a esquerda, e apenas cinquenta metros adiante ela se choca contra o veículo robótico e se parte ao meio.

Quando a equipe médica britânica chega à seção frontal da espaçonave, encontra seis cosmonautas russos mortos. Na parte de trás a equipe de resgate descobre dois veículos: uma máquina robótica básica, utilizada para construção, e um robô com capacidade de perfuração. Tudo leva a crer que Moscou pretendia estabelecer "fatos na superfície" e reforçar sua oposição às "zonas de segurança", expressão que, segundo a Rússia, designa cortinas de fumaça para camuflar esferas lunares de influência.

6 de abril, 20h36. Na emergencial Assembleia Espacial da ONU, os britânicos oferecem "sinceras condolências" pela trágica perda de vidas, mas dizem que foi lamentável a Rússia ter ignorado a "zona de segurança". Os russos culpam o Reino Unido por ter bloqueado o local de pouso e lembram a todos que o Tratado da Lua, firmado em 1979, descreve o satélite da Terra e seus recursos como "patrimônio comum da humanidade". Os norte-americanos salientam que o tratado jamais foi ratificado. Os chineses ficam calados. Acabou a crise?

13 de abril, 5h12 (horário da Lua). Uma segunda tentativa. Dessa vez os russos anunciam que estão a caminho. Moscou avisa à empresa norte-americana North Link que pretende pousar em sua base Bore, no polo Norte lunar, e começar a perfurar, em busca de materiais de terras raras. A North Link responde que o ato constitui uma violação dos seus direitos comerciais, sobretudo porque a empresa gastou uma fortuna para constatar a exata localização dos materiais. Washington adverte Moscou de que seu dever de proteger cidadãos norte-americanos vai além dos limites da Terra e coloca a Força Espacial em alerta máximo.

Quando a nave russa inicia a descida, a pista de pouso é bloqueada com três veículos robóticos, e um alerta em loop é transmitido na frequência russa. Um minuto depois, os norte-americanos posicionados nas bases operacionais avançadas — à frente, à esquerda e à direita da pista — utilizam um laser partindo das três direções para ofuscar o veículo, supondo que os russos vão dar meia-volta. O que acontece a seguir é inesperado. A nave russa dispara contra a base operacional frontal um raio de energia que dispara o laser ofuscante, e o faz com tamanha força que a máquina explode. Os estilhaços abrem um buraco de dez centímetros de largura na lateral da base operacional e causam pequenos rasgos no traje pressurizado de um dos dois operadores do laser, uma mulher. Ela morre antes da chegada dos socorristas, em meio a uma desesperada missão de resgate.

A nave russa de fato para e retorna ao encontro da estação espacial russa, mas não há tempo para uma reunião de emergência, nem para declarações de indignação — os norte-americanos simplesmente abrem fogo. Valendo-se de um míssil de cruzeiro, atingem um sensor eletro-óptico na base russa em Zelenchukskaya, no norte do Cáucaso. Simultaneamente, explodem três satélites espiões russos em órbita terrestre baixa, usando mísseis de subida vertical. Quatro satélites comerciais são desativados por meio de um ataque cibernético, derrubando a maior parte do sistema de telefonia móvel russo e a bolsa de valores de Moscou. O custo para a economia russa ao longo das dezoito horas seguintes é estimado, por baixo, em 760 milhões de dólares.

Os ataques são bem calibrados. Os alvos não estão diretamente conectados aos sistemas de alerta nuclear russo, e o míssil disparado contra Zelenchukskaya matou apenas três soldados do Terceiro Exército pertencentes à divisão de vigilância espacial. O próximo passo da Rússia confunde os analistas. É certo que eles entenderam a mensagem: Washington reagiu com o que considerou ser nitidamente uma resposta "proporcional". Moscou agora pode deixar as coisas como estão e permitir que os canais diplomáticos conduzam o caso, ou responder na mesma moeda, isto é, via uma ação de contenção. Mas por 48 horas Moscou posiciona seis "satélites assassinos" atrás de naves norte-americanas ligadas ao sistema de alerta de mísseis nucleares de Washington e passa a atacá-las. Quatro são atingidas antes que a Força Espacial destrua as seis máquinas russas com mísseis de subida vertical. Parte do sistema de alerta dos Estados Unidos fica inoperante, levando Washington a recorrer ao nível de alerta Defcon 2, supostamente pela primeira vez desde a crise dos mísseis cubanos, em 1962. Moscou segue o exemplo, declarando "o mais alto nível de prontidão para combate" — um nível abaixo de ação nuclear iminente.

Os norte-americanos rapidamente substituem seus satélites por um estoque emergencial mantido nas imediações da estação espacial militar, o que significa que agora cada lado pode ver o outro preparando seus arsenais nucleares e deslocando tropas e navios. O mundo prende a respiração.

E então, enquanto a Casa Branca e o Kremlin conduzem reuniões acerca de um primeiro ataque, os chineses atendem ao telefone.

E é assim que a guerra nuclear será evitada em 2038. Beijing organiza um encontro trilateral, e as Três Grandes concordam em adotar várias "medidas de construção de confiança", incluindo um acordo de que todos os lasers de mineração implantados na Lua só podem apontar para baixo. Na superfície, as tensões diminuem. Todos se dão conta de que a Destruição Mútua Assegurada (ou MAD, na sigla em inglês) foi testada quase ao ponto de ruptura, pela segunda vez em menos de um século. Tal como aconteceu com a crise dos mísseis cubanos, em 1962, esse incidente terá feito com que pensamentos convergissem, evitando um desastre. Na terceira vez talvez não haja tanta sorte.

O ASPECTO MAIS PERIGOSO NESSE CENÁRIO é a perspectiva de um sistema de alerta empregado por um país que dispõe de armas nucleares ficar inoperante. A probabilidade de um ataque preventivo aumentaria rapidamente se um país não conseguisse encontrar uma explicação para um adversário em potencial ter desativado o sistema de alerta.

Existem vários outros perigos claros e presentes, ou à espreita, em um futuro breve.

Por exemplo, uma escaramuça de Asats entre a Índia e o Paquistão poderia arrastar os respectivos aliados — ou, pior, os dois países, que dispõem de armamento nuclear, poderiam escalar suas ações.

Um Estado pária poderia desenvolver secretamente uma frota de satélites assassinos, lançá-los e exigir pagamento de resgate a um país, ou mesmo ao mundo.

Outro Estado pária, descontente por ter sido excluído de algum acordo de exploração espacial, poderia explodir várias bombas nucleares na órbita terrestre baixa, incinerando a maioria dos satélites e mergulhando o mundo no caos.

Ficção científica? Em 1962 os Estados Unidos lançaram um projeto militar com o codinome Starfish Prime. Detonaram uma ogiva termonuclear a quatrocentos quilômetros acima do oceano Pacífico — só para ver o que aconteceria. O dispositivo era cem vezes mais potente que o que caiu em Hiroshima. Em segundos, um pulso eletromagnético cortou a eletricidade no Havaí, e do Havaí à Nova Zelândia o céu noturno iluminou-se em um carnaval de cores, uma aurora produzida pelo homem. Ao redor da Terra formou-se uma radiação artificial que levou uma década para se dissipar. Pelo menos sete satélites foram danificados ou destruídos, incluindo o modelo Telstar de comunicações. "Ops", disseram os norte-americanos. Ou melhor, conforme afirmou mais tarde um cientista: "Para nossa grande surpresa e consternação, descobrimos que o Starfish contribuiu significativamente para os elétrons nos cinturões de radiação Van Allen [...]. Esse resultado contrariou todas as nossas previsões".

Os soviéticos também acharam que era boa ideia explodir bombas nucleares perto da Terra. Felizmente, o resultado foi a proibição de tais testes. Infelizmente, os testes provaram que se um Estado pária detonasse bombas nucleares ainda mais poderosas na órbita terrestre baixa poderia torná-la inutilizável para satélites por vários anos. Uma máquina apanhada na explosão seria destruída, e a radiação resultante incineraria quaisquer equipamentos substitutos.

Essas são possibilidades realistas para futuras guerras espaciais. Então, o que pode ser feito para evitá-las?

Os pensadores mais audazes da astropolítica têm convicção de que, como a militarização espacial está acontecendo, o caminho a seguir é escalar primeiro, e a tal nível que os concorrentes não consigam igualar. Trata-se de uma estratégia de dissuasão.

O velho problema do controle de armas é que ninguém negocia limitação de armas com alguém que não possua armas. O "Teorema de Thomas" só foi idealizado por William Thomas e Dorothy Thomas na década de 1920, mas parece se aplicar a todos os registros da história: "Se os homens definem as situações como reais, elas são reais em suas consequências". Os países tendem a definir ameaças potenciais como ameaças reais. Portanto, não é recomendável apostar que uma potência espacial vá decidir não acompanhar qualquer avanço espacial militar de um rival.

Os comandantes militares são incumbidos por seus líderes políticos de desenvolver capacidades para promover o que são considerados interesses da nação. Vejamos este exemplo retirado do documento de orientação e planejamento para a Força Espacial, de 2020:

> A Força Espacial é convocada a organizar, treinar, equipar e apresentar forças capazes de preservar a liberdade de ação dos Estados Unidos no espaço; capacitar a letalidade e a eficácia da Força Conjunta [...]. O poder espacial apoia a dissuasão ao comunicar a capacidade de os Estados Unidos imporem danos a atores hostis e rechaçarem os objetivos do adversário.

Eis o alerta. E alertar faz parte da estratégia.

Há uma linha tênue entre revelar segredos e dissuadir um oponente alertando-o acerca do poderio de quem emite o alerta. Se um lado mantiver tudo em segredo, o outro pode pensar que vale a pena arriscar um ataque. Os tratados de redução de armas firmados entre soviéticos e norte-americanos na década de 1980 foram sustentados por um acordo sobre inspeções conjuntas de suas respectivas capacidades nucleares — "Confiar, mas verificar", conforme disse Reagan, embora tomasse a expressão emprestada do russo *"Doveryai, no proveryai"*.

Agora, na expectativa de dissuadirem os rivais de empreenderem um ataque surpresa, os estrategistas espaciais militares norte-americanos discutem se os Estados Unidos deveriam demonstrar a Beijing e a Moscou sua capacidade para destruir satélites. Os que são a favor da medida argumentam que não é possível dissuadir com armas invisíveis. Os que são contrários dizem que a ação poderia acelerar uma corrida armamentista. O debate é tão antigo quanto a própria guerra. Na Força Aérea dos Estados Unidos a questão é chamada de "abrir a porta verde", porque, reza a lenda, havia uma base da Força Aérea onde ocorriam ações "ultrassecretas", e os respectivos documentos ficavam guardados atrás de uma porta verde.

Até o momento, a dissuasão nos impediu de precisar apertar o "botão vermelho" porque, de acordo com o conceito de Destruição Mútua Assegurada, todos os lados sabem que um ataque nuclear resultaria em retaliação e todos morreríamos. Conforme explica Everett Dolman: "A Destruição Mútua Assegurada engloba três componentes: destruição (perda total), mútua (todos) e assegurada (sem "se" ou "mas"). Se a ameaça não tiver crédito... a dissuasão falhou".

Mas isso não impede que nos envolvamos em formas mais convencionais de guerra. O mesmo acontece no espaço. Enquanto ninguém recorre (ainda) ao armamento pesado, restam opções que não destroem nossa capacidade de continuar operando no espaço: interferir no sistema de comunicações, hackear e capturar satélites sem criar detritos em quantidades significativas, por exemplo. E assim a dissuasão ensejada pelo conceito de Destruição Mútua Assegurada não impede ninguém de continuar a desenvolver esse tipo de tecnologia, nem de se implicar em conflitos de menor escala — os quais podem facilmente se intensificar.

A alternativa é uma crescente corrida armamentista. Para prevenir isso precisamos de uma série de tratados abrangentes acerca de controle de armas.

Entre as inúmeras ameaças, a maior é provavelmente a concorrência entre a China e os Estados Unidos, e o que é chamado em geopolítica de "Armadilha de Tucídides". O termo foi popularizado pelo acadêmico de Harvard Graham Allison, em seu livro *Destinados à guerra*. No livro, Allison cita a *História da Guerra do Peloponeso*, de Tucídides: "Foi a ascensão de Atenas e o medo que isso incutiu em Esparta que tornou a guerra inevitável". Onde está escrito Atenas leia-se China e Esparta, os Estados Unidos. Allison identificou dezesseis casos em que uma potência em ascensão ameaçou superar uma potência consolidada — e constatou que em doze o resultado foi a guerra. Nos quatro em que se evitou o conflito foi necessária a invenção de uma política nova, como a intervenção do Papa em 1494 que resultou no Tratado de Tordesilhas, evitando uma guerra devastadora entre Espanha e Portugal, e, mais recentemente, a relação Estados Unidos-Rússia que levou à Guerra Fria em vez de a bombas nucleares. Em todos os quatro casos, estabeleceram-se compromissos e acordos — muitas vezes confusos e com efeitos indiretos, mas o que Allison quer dizer é que confrontos militares catastróficos foram evitados, e tais exemplos podem ajudar as superpotências da era espacial a fazerem o mesmo. O compromisso agora é exigido das Três Grandes.

Muitos fatores militam contra isso. A China e a Rússia veem os avanços norte-americanos no espaço como destinados a manter a posição dominante dos Estados Unidos na Terra. Em alguns aspectos ambas as nações podem estar certas. Da mesma forma, os Estados Unidos demonstram apreensão porque as conquistas tecnológicas feitas pelos dois rivais podem ser usadas para aumentar uma capacidade militar que ameaça os Estados Unidos — e também têm razão.

É difícil saber onde traçar o limite em termos de ameaça e contra-ameaça. Por exemplo, os russos e os chineses detêm a liderança no caso de mísseis planadores hipersônicos de nova geração. Ao contrário dos mísseis intercontinentais balísticos, lançados e deslocados em trajetória previsível, o míssil planador é capaz de manobrar através da atmosfera superior, mudando de direção e altura, em velocidades acima de Mach 5 — cerca de 1,7 quilômetros por segundo. O Kremlin afirma ter velocidades bem mais altas em suas armas Avangard e Zircon. Os sistemas de defesa antimísseis dos Estados Unidos não conseguem igualar essas velocidades em seus tempos de reação, sobretudo porque sem uma trajetória previsível não conseguem situar o alvo. Considerando que a ogiva poderia transportar um dispositivo nuclear, a tentação de presumir um ataque nuclear seria grande, aumentando assim a probabilidade de disparar uma reação nuclear antes de ser atingido.

Como vimos, os Estados Unidos estão desenvolvendo uma defesa em camadas contra mísseis hipersônicos. A expectativa é contar com sensores no espaço que possam rastreá-los. Ao mesmo tempo, os sistemas de orientação de mísseis existentes a bordo dos satélites dos agressores serão alvos — do mar, da terra e/ou do espaço. No futuro, é provável a existência de satélites capazes de disparar para baixo, na direção dos mísseis.

Será necessário também considerar a defesa dos interesses comerciais. Durante séculos vimos como economia e política andam juntas. Um exemplo recente na Terra é o acordo firmado em 2022 entre a China e as Ilhas Salomão segundo o qual, se os interesses chineses nas ilhas forem ameaçados (conforme ocorreu durante os distúrbios de 2021, que tiveram como alvo propriedades e cidadãos chineses), as "forças" do governo chinês podem intervir. Os Estados adotarão posições semelhantes em se tratando de suas empresas comerciais no espaço — a política seguirá a economia.

Então, soluções. O professor Dolman tem defendido um curso de ação diferente, propondo uma estratégia de "confiança mútua assegurada":

> Visto que o espaço é inerentemente global — de uma perspectiva astropolítica trata-se de um ponto único no cosmos —, qualquer benefício ou prejuízo que dele vier será compartilhado por todos os Estados, ainda que não de forma igualitária. Em vez de focarmos no receio de perdermos acesso ao espaço, deveríamos fazer com que todos os Estados compartilhem os ganhos a serem obtidos com a exploração espacial, objetivando criarmos um futuro verde de abundância para toda a humanidade.

Tenho certeza de que a maioria de nós concorda plenamente com ele. A questão é chegarmos lá. É superarmos os testes de armas, os satélites assassinos, as prováveis estações e bases espaciais militares.

O filósofo francês Raymond Aron morreu no início dos anos 1980, antes do surgimento de algumas das nossas maravilhas tecnológicas, mas mesmo assim reconheceu nosso problema mais antigo: "Se não houver uma revolução no coração do homem e na natureza dos Estados, por meio de qual milagre o espaço interplanetário poderá ser impedido de uso militar?".

Vive la révolution.

CAPÍTULO 10

O mundo de amanhã

Pois mergulhei no futuro,
Até onde o olho humano podia ver;
Enxerguei a visão do mundo,
E a maravilha que haveria de ser.

ALFRED LORD TENNYSON, 1842

Ilustrações representando o helicóptero *Ingenuity* e o robô *Perseverance*, que pousaram em Marte em 18 de fevereiro de 2021. O *Ingenuity* foi a primeira aeronave a realizar com sucesso um voo motorizado e controlado no Planeta Vermelho.

O QUE ESTAVA DISTANTE AGORA ESTÁ PERTO, o que era lento agora é rápido, e o impossível agora é a norma. Com isso em mente, nossas ideias sobre o espaço e o futuro não devem ser limitadas — nem mesmo, exceto em uma base prática, pela ciência.

Compare duas crenças. Primeiro, Leonardo da Vinci: "Sempre senti que é meu destino construir uma máquina que permita ao homem voar". E agora o eminente astrônomo canadense/norte-americano Simon Newcomb, que afirmou, em 1902: "O voo por máquinas mais pesadas que o ar é impraticável e insignificante, se não totalmente impossível". No ano seguinte, Orville Wright decolou em Kitty Hawk e voou para o futuro que Da Vinci havia imaginado.

Estamos agora escrevendo no espaço o que será história. Já contamos com pioneiros extraordinários e conquistas surpreendentes. O que fizeram foi incrivelmente difícil.

Os obstáculos a serem enfrentados nas próximas duas décadas serão imensos, mas se não forem superados não poderemos progredir rumo aos desafios que estão além. A humanidade não chegou tão longe para agora ficar estagnada.

Nem tudo será material para o "futuro nobre da humanidade". Há dinheiro a ganhar no espaço, e as pessoas estão dispostas a correr atrás. As oportunidades comerciais são muitas. Caso voos espaciais para pessoas comuns se tornem a norma, hotéis espaciais virão logo depois. Quer as suas cinzas espalhadas na órbita terrestre baixa? Haverá um Serviço Funeral Galáctico para isso. Se uma empresa não se importar em provocar a indignação da maior parte da humanidade, poderá enfeiar nosso céu noturno com anúncios, de horizonte a horizonte. Se isso não fizer a sua cabeça, então de maior utilidade seria alguma nova tecnologia, como a Unidade de BioFabricação da Techshot, que espera ser utilizada para imprimir órgãos humanos na órbita terrestre baixa, contornando assim o problema da gravidade encontrado na Terra, cuja pressão restringe o crescimento natural de células e tecidos.

O primeiro passo em direção a esse futuro será dado quando voltarmos à Lua. Uma vez lá, muitos dos problemas imediatos que enfrentaremos serão os mesmos com os quais nos deparamos há muito tempo na Terra: comida, água, abrigo. Mas a esses problemas devemos acrescentar a "fabricação" de ar respirável, e a localização de fontes da energia necessária para realizar tal façanha, o que precisa ser feito 385 mil quilômetros longe de casa.

Os pioneiros já estão explorando o terreno. As primeiras missões Apollo pousaram perto da linha do Equador lunar por vários motivos, entre eles o fato de que, na viagem de volta, caso houvesse uma falha nos sistemas após a decolagem, um lançamento realizado na linha do Equador permitiria uma trajetória de "retorno livre" — a nave haveria de girar ao redor da Lua usando a gravidade do satélite, e seria impulsionada de volta à Terra.

É quase certo que a área equatorial seja um local privilegiado para energia, já que as regiões mais expostas diretamente ao Sol provavelmente dispõem de depósitos mais concentrados de hélio-3 que os polos — e o hélio-3 tem enorme potencial como fonte de energia na Lua, na Terra e para usos ainda não descobertos (como comentamos no capítulo 3).

No entanto, no final da década de 2020 e na seguinte as ações não deverão se concentrar na região equatorial. Quando se procura um lugar para morar, é preciso pensar primeiro em sua localização. Corretores de imóveis que exaltam a "excelente luz natural" de um cômodo, mesmo quando se trata de um depósito de carvão, podem tentar vender uma propriedade perto do Equador lunar valendo-se dessas mesmas palavras. De fato, durante duas semanas haveria luz natural constante, mas as duas semanas seguintes seriam "noites naturais constantes". Isso ocorreria porque uma única rotação da Lua leva cerca de um mês terrestre; então, cada dia e cada noite lunar duram cerca de catorze dias terrestres. Dito de outra forma:

se você está contemplando o espaço de sua cápsula no Equador lunar, vai perceber que o Sol levará 29,5 dias para percorrer todo o céu, desaparecer e retornar à posição original. Isso significa que durante metade do tempo, mesmo se a pessoa foi à Lua de férias, não estará recarregando as baterias, e na Lua baterias são necessárias.

Mas também é verdade que as temperaturas equatoriais oscilam entre cerca de 127°C durante o dia lunar e cerca de –179°C durante a noite lunar — ou, em termos mais científicos, vai de "derreter os miolos" a "congelar as balas de um macaco de latão". Talvez você não saiba, mas esta última é uma expressão inglesa decorrente da lenda de que as balas de canhão da Marinha Real ficavam empilhadas em pirâmides, dentro de uma espécie de bandeja de latão conhecida como "macaco". Quando a temperatura caía drasticamente, o latão contraía-se e a pirâmide desabava. Não é verdade. Dificilmente balas de canhão seriam empilhadas em formato de pirâmide, pois rolariam pelo convés cada vez que o navio fosse atingido por uma onda. No entanto, a ideia de metal sendo contraído e expandido devido à oscilação de temperatura é o que conta. Ninguém quer que o metal em uma espaçonave — cilindros de oxigênio e alojamentos — esteja sujeito à contração e expansão.

Essa é uma das razões pelas quais as primeiras máquinas e os primeiros humanos que visitaram a Lua sempre pousaram no amanhecer lunar — no início do dia lunar de duas semanas —, período em que os extremos de temperatura podem ser evitados. Equipamentos podem ser projetados para suportar calor ou frio extremos, mas não as demandas de imensas variações de temperatura.

Dadas as dificuldades da região equatorial, é bem provável que as próximas naves pousem nos polos lunares, que são considerados os melhores locais para assentamentos permanentes. De modo geral são mais frios que o Equador lunar, mas a oscilação de temperatura é bem menos severa, sobretudo em áreas onde existe iluminação semipermanente.

Conforme vimos, os cientistas estão "procurando casa" no polo Sul — na bacia de Aitken, onde o Sol mal ascende sobre o horizonte e, portanto, não pode atingir as profundezas das crateras. Portanto, a maioria delas está na sombra há bilhões de anos e pode conter o gelo necessário para ser processado em oxigênio, água e hidrogênio — o que pode significar a produção de propulsores de foguete que facilitariam a viagem da base lunar até Marte.

Cientistas da Nasa encontraram várias regiões, todas dentro de seis graus de latitude do polo, que são candidatas ao que esperam que seja a primeira base. Cada região tem uma superfície de 15 × 15 quilômetros, com potencial para vários locais de pouso. O Sol mantém-se muito baixo no céu, mas deve ser energia suficiente para os primeiros colonos a captarem com painéis solares, e assim desbravarem o caminho para um novo começo.

Oxigênio respirável é prioridade para a vida humana em qualquer lugar, e felizmente há uma fonte possível para isso também: o regolito da Lua, ou seja, a camada solta de poeira, solo, rocha quebrada e outros materiais que cobre a superfície sólida. O impacto causado pelos constantes bombardeios de meteoritos que atingem a Lua há centenas de milhões de anos pode ser visto claramente com um telescópio não muito caro. A superfície lunar está marcada por enormes crateras. O que não pode ser visto são os efeitos dos milhões de micrometeoritos que deixaram a camada superficial do solo arenosa, embora as partículas sejam muito mais cortantes e abrasivas que a maior parte da areia encontrada na Terra. Evidentemente, o regolito cobre toda a superfície, o que significa que não é necessário ir até os confins da Lua para obtê-lo.

Asse o regolito em fogo alto dentro de um recipiente, adicione hidrogênio, uma pitada de conhecimento científico, e vapor de água se forma, podendo ser separado em oxigênio e hidrogênio. E... respire.

E depois expire — inclusive porque a respiração dos astronautas também pode ser aproveitada para produzir oxigênio, tanto quanto o suor e a urina, usando tecnologia já desenvolvida para a ISS. Conforme o astronauta Douglas H. Wheelock disse ao *New York Times*: "O café de ontem é o café de amanhã".

Então, luz, água, oxigênio, energia — estamos vivendo da terra. Tudo o que necessitamos agora é de abrigo. A princípio, é provável que os abrigos consistam em peças portáteis desmontáveis, ou estruturas infláveis trazidas da Terra. Precisarão ser cobertas com regolito, a fim de proteger os usuários da enorme quantidade de radiação que atinge permanentemente a Lua. Dados obtidos por meio de um experimento alemão realizado em uma das missões lunares da China sugerem que, devido à ausência de atmosfera, os níveis de radiação são duzentas vezes maiores que na superfície da Terra. Felizmente o regolito tem alta resistência à radiação solar e baixa condutividade térmica, o que significa que pode ser usado como revestimento para proteger a base lunar.

Com tudo no esquema, opções podem ser exploradas, incluindo um "apartamento no porão". A Lua tem cerca de duzentos poços conhecidos, cujo acesso se dá por meio de cavernas, e em muitos desses poços a temperatura permanente é 17°C. Acredita-se que rochas salientes limitem o calor dos poços durante o dia e também evitem que o calor se dissipe à noite.

Um relatório publicado na revista *Geophysical Research Letters* concluiu que "as cavernas lunares proporcionariam um ambiente temperado, estável e termicamente seguro para exploração e habitação de longo prazo na Lua". Algumas cavernas são tubos de lava semelhantes aos encontrados na Terra, onde um rio de lava esfriou, deixando uma passagem longa e oca, muitas vezes com cavernas laterais. Astronautas da Nasa e da ESA já estão em treinamento para explorar o subsolo. Equipes foram enviadas para os tubos de lava existentes na ilha espanhola de Lanzarote para testar o terreno, praticar a condução de robôs lunares no interior dos túneis e construir mapas em 3D do ambiente de modo que se possa avaliar as "condições de tráfego". É irônico que, tanto tempo depois de a humanidade ter deixado as cavernas e começado a construir, a maior parte da tecnologia de ponta disponível vá ser empregada para que possamos voltar a elas.

Depois que as fontes de água, oxigênio e energia estiverem estabelecidas, e os hábitats e estufas de produção de alimentos construídos, a atenção se voltará o mais rapidamente possível para a prospecção dos abundantes elementos de terras raras existentes na Lua.

Tudo isso faz parte do rascunho do modelo programado para os próximos dez anos. O "salto gigantesco" de Armstrong será agora seguido por uma série de passinhos lunares que irão levar a gerações de humanos nascidos fora deste planeta. Trata-se de um longo caminho a percorrer, e os desafios que temos de superar para chegarmos lá são numerosos — inclusive proteger mulheres grávidas dos perigos da radiação e da baixa gravidade —, mas a jornada começou.

Então, vamos a Marte. O lançamento a partir da Lua em nada afetaria a vasta distância entre a Terra e Marte, mas, como vimos, reduziria a quantidade de combustível necessária. O Planeta Vermelho apresenta todos os problemas que podem ser encontrados na Lua, além de outros tantos, e é quase seiscentas vezes mais longe, em média. Levar seres humanos a Marte é um desafio muito maior.

Para essa viagem, o timing é tudo. Convém partir durante o período em que os dois planetas estão mais próximos um do outro; graças às respectivas órbitas elípticas, isso acontece a cada 26 meses. A maior aproximação em 60 mil anos foi em 2003; uma nova aproximação semelhante só em 2287.

Se você tivesse um carro capaz de viajar pelo espaço a cerca de cem quilômetros por hora, levaria 256 anos — e incontáveis "Falta muito?" — até chegar em Marte. Se tivesse uma espaçonave capaz de se deslocar na velocidade da luz, seria uma questão de minutos. Do contrário, como as atuais sondas espaciais lançadas da Terra tendem a chegar em Marte entre 128 e 333 dias, esteja preparado para ficar nove meses enfiado dentro de uma lata pressurizada. E se quiser fazer a viagem de volta precisa reservar dois anos, porque terá que esperar vários meses em Marte para ter certeza de que a Terra está na posição certa para o regresso. Se você simplesmente decolasse e prosseguisse em órbita do Sol, quando voltasse ao ponto de partida a Terra não estaria lá. O que seria um problema.

Em 2022, o sr. Musk adiou a data do primeiro pouso humano em Marte para 2029. Trata-se de um dos anos em que a distância entre a Terra e Marte reduz-se a cerca de 97 milhões de quilômetros. É um atalho e tanto, tendo em vista que a distância média é de cerca de 225 milhões de quilômetros. Para quem estiver pensando em reservar passagem, as seguintes datas podem ser úteis para a agenda e os planos de venda da casa própria: maio de 2031, junho de 2033, setembro de 2035, novembro de 2037 e janeiro de 2040. Para quem quiser ser a milionésima pessoa a fazer a viagem, vale a pena tentar agosto de 2050. O sr. Musk celebrará seu 79º aniversário naquele ano — possivelmente em Marte. Possivelmente não.

Marte é uma "grande indagação". Sempre que alguém estabelece um prazo para um pouso tripulado, convém acrescentar cinco anos. No mínimo. A internet está inundada de artigos de 2013/14/15 prevendo que seres humanos chegariam à superfície do planeta na década de 2020. A empresa holandesa Mars One arrecadou dezenas de milhões de dólares de investidores depois de afirmar que poderia levar humanos a Marte em 2023. E teve sua falência declarada em 2019. A Nasa diz que 2033 é um "talvez" para haver humanos orbitando Marte, e estima 2039 para levar pessoas à superfície. A China apresenta um cronograma razoável, entre 2040 e 2060, e sempre foi hábil em sua visão de longo prazo.

Veículos robóticos de última geração começaram a explorar e mapear a superfície de Marte. O robô *Curiosity*, da Nasa, já percorreu cerca de trinta quilômetros desde que chegou, em 2012. O *Perseverance* está um pouco atrasado, mas já circulou quase quinze quilômetros desde sua implantação, em 2021. A eles juntou-se o robô chinês *Zhurong*, e a ESA espera enviar seu próprio veículo robótico em 2028. O robô *Rosalind Franklin*, construído pelo Reino Unido e batizado em homenagem à pioneira britânica que desenvolveu estudos sobre DNA, deveria ter sido lançado em um foguete russo em 2022, mas a invasão da Ucrânia impossibilitou a ação.

Os primeiros seres humanos em Marte serão provavelmente precedidos por construtores. Uma espaçonave robótica faria boa parte do trabalho pesado, além de encarregar-se do pouso e das construções, de maneira a permitir que os astronautas transportassem mais daquilo de que precisariam para sobreviver. Outra espaçonave poderia ser posicionada em órbita, ou na superfície, com combustível suficiente para uma viagem de retorno, de modo que os astronautas não precisassem levar consigo grande quantidade de combustível.

Um dos problemas que os primeiros colonizadores enfrentarão é que Marte é um pouco frio; à noite as temperaturas caem para –63°C. Outro é que não podemos respirar lá, devido a uma irritante falta de oxigênio. Claro que temos métodos para fabricar oxigênio, conforme planejamos fazer na Lua, mas isso nos restringiria a abrigos de pequena escala e não permitiria um assentamento adequado no planeta. Então, vamos terraformar Marte. "Detonar Marte!", como Musk tuitou em 2019. Usar bombas nucleares para liberar dióxido de carbono e outros gases armazenados no solo e nas calotas polares, criar um efeito estufa e aquecer o planeta — seriam alterações climáticas como algo positivo. Nem todos os cientistas concordam que a superfície contenha dióxido de carbono suficiente para aquecer a atmosfera e, na verdade, alguns acreditam que a medida provocaria um inverno nuclear. Mas é uma ideia e, conforme diz Musk, "o fracasso é uma opção".

Musk é um otimista. Ele estabeleceu para si mesmo o prazo de 2050 para construir uma cidade em Marte capaz de abrigar 1 milhão de habitantes. Isso não é um erro de digitação: 1 milhão de habitantes. Ainda bem que o fracasso é uma opção.

Eis o plano: ele constrói mil dos seus Starships reutilizáveis. Depois que os pioneiros montarem a infraestrutura básica, você compra uma passagem, embarca e consegue emprego no Planeta Vermelho. Está registrada a declaração de Musk de que seu objetivo é fixar um preço de passagem próximo ao valor médio de uma residência particular. Os proprietários podem muito bem vender suas casas para comprar as passagens. Afinal, as chances de um eventual retorno são bem menores do que em outras mudanças. Musk reconhece isso. Ele sugeriu que os anúncios para venda de passagens sejam semelhantes àqueles que, segundo consta, Ernest Shackleton elaborou para sua exploração da Antártida: "Procuram-se homens para jornada perigosa. Salários módicos, frio intenso, longos meses de completa escuridão, perigo constante, sendo duvidoso um retorno seguro. Honra e reconhecimento em caso de sucesso".

Musk afirma que há 70% de chance de, em seu tempo de vida, um foguete o levar até a cidade autossustentável que ele imagina construir em Marte. É difícil acreditar, mas parabéns para Musk: apesar de todos os seus defeitos, ele ousa sonhar. Como ele diz: "A vida não pode ser apenas resolver problemas. Tem que haver coisas que inspirem a gente, que toquem o nosso coração". Ele também se saiu com essa grande frase: "Eu gostaria de morrer em Marte. Mas não no impacto".

O que Musk e seus companheiros colonos precisarão é de um modo de se manterem em forma durante a viagem. Existem numerosos problemas de saúde associados a missões longas realizadas em ambientes onde há ausência de gravidade. No curto prazo, há o "enjoo espacial": vômito, vertigem, desorientação e até alucinação. Isso geralmente desaparece depois de alguns dias, mas os problemas de longo prazo pioram a cada semana em gravidade zero.

Os fluidos representam cerca de 60% e 55% do peso corporal de homens e mulheres, respectivamente, e tendem a se acumular na metade inferior do corpo por conta da gravidade. Os seres humanos passaram as últimas centenas de milhares de anos caminhando eretos e, assim, desenvolvemos sistemas para garantir que sangue suficiente flua até o coração e o cérebro quando estamos de pé. A evolução não será detida por alguns meses no espaço e, portanto, os sistemas continuam a funcionar mesmo na ausência de gravidade. Mas o resultado é um aumento de fluido na parte superior do corpo, motivo pelo qual os astronautas têm o rosto inchado. Um problema maior, porém, é que na ausência de gravidade o coração não precisa bombear com tanta força, o que o leva a enfraquecer. O mesmo se aplica a todos os músculos do corpo, que começam a definhar. Um coração mais fraco significa uma diminuição da pressão arterial, o que, por sua vez, pode reduzir o fluxo de oxigênio para o cérebro — algo que não convém em momento nenhum, mas que se torna especialmente ruim se você está envolvido em viagens interplanetárias.

Sem nenhum peso sobre eles, os ossos também enfraquecem e tornam-se quebradiços, sobretudo aqueles que suportam carga, como os da parte inferior da coluna e os dos quadris. Com apenas seis meses no espaço, os ossos dos astronautas podem precisar de até três anos para se recuperar.

É por isso que vemos astronautas na ISS usando aparelhos de ginástica. Uma piscina seria algo útil, embora um tanto complicado, e a água não colaboraria. Uma academia de ginástica é menor, mas é muito peso extra.

Os problemas também ocorreriam em Marte, embora em menor escala. A gravidade do planeta é cerca de 38% da gravidade da Terra.

Mais perto de casa, o concorrente espacial de Musk, Jeff Bezos, tem suas próprias ideias. Ele está trabalhando no que chama de "problemas de longo alcance" — ou seja, que a Terra ficará sem suprimentos de energia. A solução que ele propõe, como vimos, é a mudança para cidades no espaço. Inspirado pelo livro *A alta fronteira*, de Gerard O'Neill, físico da Universidade Princeton, Bezos imagina cidades rotativas, seladas e em formato de roda, com 1,5 quilômetro de largura, estacionadas perto da Terra. Isso permitiria que milhões de pessoas as habitassem, enquanto outras estruturas abrigariam a indústria pesada, assim aliviando a Terra de população e poluição. Bezos admite que a tecnologia necessária está, na melhor das hipóteses, a décadas de distância, mas afirma que começará a construir a infraestrutura agora. Sua empresa de exploração espacial — Blue Origin — informa que pretende realizar o lançamento de uma estação comercial no espaço na segunda metade desta década de 2020, e que a estação abrigará até dez pessoas, em uma área de 850 metros cúbicos.

As cidades espaciais propostas por Bezos precisarão girar, a fim de criar uma gravidade artificial capaz de combater os numerosos riscos para a saúde decorrentes de estadias prolongadas em ambientes de baixa gravidade, ou gravidade zero. Por exemplo, é duvidoso que uma mulher possa ter uma gravidez normal no espaço; portanto, a Mars One, antes de requerer falência, vinha aconselhando possíveis primeiras colonizadoras a não tentarem engravidar assim que chegassem. Então, naves rotativas são essenciais, e por isso vemos tais construções em filmes como *Perdido em Marte* e *2001: Uma odisseia no espaço*.

Mas, devagar! Não tão rápido que afete o fluido no ouvido interno e provoque náusea e desorientação. Isso significa girar em vagarosas 1-2 rotações por minuto, o que requer uma espaçonave de pelo menos um quilômetro de comprimento. Não por coincidência, tanto a China quanto a Nasa estão realizando estudos de viabilidade exatamente para isso. Ambas sabem que provavelmente serão necessárias várias décadas até que o projeto se concretize — afinal, foram necessários dez anos para construir a ISS —, mas mantêm os olhos no horizonte.

E podem ser ajudadas por desenvolvimentos recentes — como, por exemplo, nos libertarmos de combustível e motores de foguete e voltarmos ao tempo das velas. Há mais de quatrocentos anos, o gênio Johannes Kepler escreveu: "Com embarcações ou velas construídas para captar brisas celestiais, alguns se aventurarão até pela imensidão do espaço". Em 2004, duas grandes velas solares foram lançadas no espaço pela Jaxa, a Agência de Exploração Aeroespacial do Japão.

Foi um origami da era espacial. A Jaxa embarcou painéis intrincadamente dobrados em um pequeno foguete que decolou do Centro Espacial Uchinoura, na ilha de Kyushu. Em seguida, foram lançadas duas velas, uma no formato de folha de trevo, com dez metros de diâmetro, a outra como um leque plissado, ambas dez vezes mais finas que uma folha de papel. Os japoneses provaram que estruturas grandes e ultraleves podem ser dobradas e desdobradas e se manterem intactas. Vários países estão agora trabalhando em protótipos de modelos maiores e mais finos, feitos de materiais refletivos e resistentes ao calor, protótipos que funcionarão como painéis solares e impulsionarão naves espaciais até vastas distâncias, a velocidades incríveis.

Sabemos que a luz solar exerce força suficiente para mover objetos: à medida que atingem as velas, as partículas de luz (fótons) as empurram para a frente. Luz solar constante é igual a propulsão constante, que é igual a aceleração constante, até chegar a uma velocidade mais que cinco vezes superior à de um foguete tradicional. Cientistas da Nasa comparam isso ao conto "A Lebre e a Tartaruga". Se lançarmos um foguete e uma espaçonave à vela ao mesmo tempo, o foguete vai disparar na frente. Mas a vela vai acelerar gradualmente até alcançar mais de 100 milhões de quilômetros por hora, enquanto a nave mais rápida propelida por foguete até hoje — a sonda espacial *Parker* — aproximou-se de 700 mil quilômetros por hora. Dito de outra forma, uma alcançou 0,064% da velocidade da luz; a outra deverá ser capaz de atingir até 10%.

Para se ter uma ideia das distâncias percorríveis nesse tipo de velocidade, seria possível voar da Terra até a Lua em questão de segundos. É um trabalho em andamento.

Teoricamente, tal tecnologia poderia ser empregada para deslocar seres humanos por todo o nosso sistema solar. Contudo, diante das dificuldades envolvidas, alguém pode indagar: por que não continuar enviando robôs? A questão foi colocada, entre outros, pelos eminentes astrofísicos Donald Goldsmith e Martin Rees. Em 2020, eles escreveram o artigo "Precisamos mesmo enviar seres humanos para o espaço?" ["Do We Really Need to Send Humans into Space?"], e assim resumiram sua resposta: "Naves espaciais automatizadas custam muito menos, têm seu funcionamento aperfeiçoado a cada ano e, se falharem, ninguém morre".

Bem colocado. Os autores ressaltam que, desde o primeiro pouso na Lua, centenas de sondas foram enviadas através do sistema solar, visitando todos os planetas do Sol, e que as máquinas poderiam ter desenvolvido a maior parte dos experimentos científicos realizados a bordo da ISS. Eles reconhecem o apelo emocional dos atos heroicos que homens e mulheres empreendem no espaço, e não são contrários à busca por lugares alternativos para os humanos viverem, mas optam por segurança e praticidade, e acreditam que robôs podem garantir isso.

O argumento é mais forte no que diz respeito a orçamentos governamentais sendo destinados a viagens espaciais com humanos em oposição ao financiamento por parte da iniciativa privada. Eu diria que tanto os governos como as empresas privadas devem seguir investindo verbas e enviando seres humanos ao espaço, por vários motivos. É provável que precisaremos de um refúgio da Terra em algum momento, e é certo que já precisamos de mais recursos para melhorar os padrões de vida aqui. Haverá avanços científicos, médicos e tecnológicos à medida que fizermos essa jornada, mesmo que ainda não saibamos quais serão, e agora não é o momento de apertar a tecla de pausa.

Sim, os robôs podem e devem realizar muitas dessas tarefas, mas não podem nos dizer como é a sensação lá fora, nem como é, psicologicamente, ficar tão longe da Mãe Terra. Sem o fator humano, sem herdeiros do manto de Marco Polo, Ibn Battuta, Zheng He, Colombo, Amundsen, Gagarin, Armstrong e outros, será mais difícil persuadir as pessoas de que esse é o nosso futuro, e de que o trabalho empreendido agora é semelhante ao antigo ditado: uma árvore é plantada para que gerações futuras possam se sentar à sombra. Tudo na nossa história nos diz que não podemos resistir ao apelo do desconhecido. É inevitável que nos aventuremos mais longe porque, como afirmou o astronauta norte-americano Gene Cernan, "a curiosidade é a essência da existência humana".

É NO FUTURO DISTANTE que a situação fica estranha. Tecnologias como a de velas espaciais podem parecer algo fantasioso, mas a televisão e as caminhadas na Lua já estiveram nessa categoria. Existem outras possibilidades que atualmente estão no reino da ficção científica, mas ainda merecem ser analisadas na teoria.

Talvez a ideia cientificamente mais sólida seja a dos elevadores espaciais. Foram propostos pela primeira vez em 1895, por nosso amigo russo Konstantin Tsiolkovsky, que conhecemos no capítulo 2. Ele imaginou uma torre estendendo-se da superfície da Terra até a órbita geossíncrona, que gira na mesma velocidade da Terra. Seria então possível enviar itens por meio de um elevador. Simples. No século XXI, a teoria dos elevadores espaciais foi comprovada. Resta apenas encontrar os materiais, a vontade — e o financiamento. O fato de até o momento não termos inventado materiais capazes de suportar o peso de uma torre de 35 mil quilômetros de altura não diminui a genialidade visionária de um homem que tinha ideias como essa antes mesmo que o primeiro avião decolasse.

As versões modernas dos elevadores incluem começar na Terra e construir para cima; começar na Lua e pendurar um cabo para baixo, em direção à Terra, através de um ponto de Lagrange; ou contornar a Terra e construir um cabo a partir de um ponto de Lagrange até a Lua. A vantagem dos dois primeiros é que cargas úteis poderiam ser transportadas para o espaço sem a necessidade de grandes foguetes, e assim os custos das viagens espaciais seriam enormemente reduzidos. Dependendo do relatório que se lê, os materiais que podem ser usados incluem cabos de aço com um metro de espessura, ou polímeros de carbono, como Zylon. A minha preferência seria teia de aranha, ou aquele material mais forte, tão conhecido da humanidade: goma de mascar. Seja como for, se isso acontecer, e trata-se de um dos cenários mais viáveis, proteger os "locais de amarração" — na Terra, na Lua ou nos pontos de Lagrange — será um objetivo crucial para futuras agências de segurança.

Alternativamente, quando se trata de espaçonaves, há sempre a boa e velha velocidade warp 4.5 que, como atestam vários sites com curadoria de pessoas sérias, é a velocidade média de cruzeiro da nave *Enterprise*, em *Jornada nas estrelas*. Mas há um problema com a ideia da velocidade warp: a teoria da relatividade especial, de Albert Einstein, e a impossibilidade de qualquer coisa se mover mais rápido que a luz. Velocidade warp 1 é a velocidade da luz; então, Einstein teria tido acessos de raiva ao pensar na possibilidade da velocidade warp 7 alcançar 343 vezes a velocidade da luz. O que é bastante rápido.

Felizmente, os físicos teóricos não permitirão que as reflexões da maior mente científica do século XX obstruam o caminho. A teoria é que a *Enterprise* não viaja mais rápido que a velocidade da luz: a nave fica dentro de uma bolha comprimida e deformada [*warped*] de espaço-tempo que se desloca mais depressa que a luz. Quando a bolha chega ao local desejado, os viajantes saem do interior dela e surpreendem os klingons. Velocistas que correm em provas de cem metros rasos se beneficiariam desse tipo de coisa. É só comprimir a sua raia de cem para dez metros que você cruza a linha de chegada bem mais rápido que os seus adversários.

Vamos nessa, então. Só que a coisa é um pouco mais complicada. Um dos muitos problemas é que o projeto envolveria o uso de enormes quantidades de antimatéria — é a mesma coisa que matéria comum, mas com carga elétrica oposta. Um elétron, uma das partículas que compõem a matéria comum, tem carga negativa. Seu parceiro nessas questões é um pósitron, que tem carga positiva.

Quando a antimatéria colide com a matéria normal, uma explosão é produzida, emitindo radiação pura que viaja do epicentro da detonação na velocidade da luz. Infelizmente, não há muita antimatéria por aí. Felizmente, podemos criar nossa própria antimatéria. Os colisores de partículas de alta energia (destruidores de átomos) — como o que existe no Cern, a Organização Europeia para a Investigação Nuclear — criam antimatéria. Infelizmente, o Cern produz apenas de um a dois picogramas de antimatéria por ano. Um picograma é um trilionésimo de grama. Isso é suficiente para alimentar uma lâmpada de cem watts por cerca de três segundos; ou seja, considerando que seriam necessárias toneladas para realizar viagens interestelares, em termos científicos, isso "não é muito". Mas para chegar a Marte talvez seja necessário apenas um milionésimo de grama, e a Nasa acredita estar a poucas décadas de concretizar tal façanha.

Claro, sempre existem os chamados buracos de minhoca, o que significa, teoricamente, que uma pessoa poderia viajar grandes distâncias quase instantaneamente, chegando logo após a partida. Há uma analogia que dá uma ideia simplificada de como essa teoria funciona: duas pessoas seguram um lençol dobrado, deixando um espaço entre as duas camadas do lençol. Soltando-se uma bola de boliche na metade superior do lençol, ela rolará para o meio, fazendo com que o lençol se curve. Agora, imaginemos uma força igual, embaixo da metade inferior do lençol, fazendo com que esse lado se curve para cima. Em teoria, se a energia exercida em ambos os lados for suficientemente forte, surgiria uma passagem unindo os dois pontos separados, potencialmente a anos-luz de distância um do outro, permitindo uma viagem curta e rápida entre eles.

Muito estranho? Enfim chegamos ao teletransporte. Em 1998, algumas pessoas muito, muito inteligentes, trabalhando no Caltech, o Instituto de Tecnologia da Califórnia, digitalizaram a estrutura de um fóton (uma partícula de energia que transporta luz) e depois enviaram a informação através de um cabo coaxial de um metro, onde o fóton foi replicado. E confirmaram a teoria de que, no processo, o fóton original foi destruído. Isso ocorre porque a digitalização interfere tanto com o original que ele desaparece, deixando apenas a cópia existente, para onde quer que tenha sido enviada. Isso significa, essencialmente, que se algum dia chegarmos ao estágio de teletransportar seres humanos, cada vez que o fizermos mataremos a pessoa original e a replicaremos em outro local. Repetidas vezes.

Físicos especializados em ciência quântica levaram adiante a descoberta feita no Caltech. Em 2012, pesquisadores na China teletransportaram um fóton por 97 quilômetros, e deram continuidade em 2017 ao enviar outro para um satélite a centenas de quilômetros acima da superfície da Terra, mas copiar os octilhões de átomos de um corpo humano e enviar a informação para outro planeta parece um pouco distante. Estudos sugerem que, mesmo que pudéssemos teletransportar alguém, seria necessário todo o fornecimento de energia do Reino Unido durante 1 milhão de anos para isso; com os preços da energia sendo o que são, quem se atreveria? No entanto, há trabalho sendo feito no envio de pacotes quânticos de informações através de milhares de quilômetros. A China já transmitiu essas informações aos seus satélites no espaço. O prêmio aqui é um sistema de comunicação que seria incrivelmente difícil de hackear; e, o que é crucial, mesmo que seja hackeado a parte transmissora logo perceberia, porque "observar" qualquer coisa no mundo quântico faz com que ela se altere. Uma analogia bem superficial é que, quando você checa a pressão do pneu do carro, acaba por alterá-la mesmo que em apenas uma fração.

Isso demonstra que o aparentemente impossível pode começar a se tornar realidade. Poderíamos continuar. E quanto à probabilidade de milhões de variedades de vida existentes em outros planetas? Numerosos exoplanetas — aqueles localizados além do nosso sistema solar — foram identificados como potenciais candidatos para sustentar vida. Conforme diz o astrofísico Neil deGrasse Tyson, referindo-se à nossa capacidade atual de enxergar o que existe lá fora: "Afirmar que não há outra vida no Universo é como pegar um pouco de água, olhar para o copo e afirmar que não há baleias no oceano".

Poderíamos passar nossos dias especulando sobre o incognoscível, sobre as maravilhas, as coisas divertidas. Mas em meio a todos os sonhos e teorias devemos, primeiramente, enfrentar os desafios com os quais já nos deparamos: a corrida armamentista, a competição por território e recursos, a falta de leis e muitos outros aspectos negativos dessa nova era e do território em que nos encontramos.

A equipe espacial da gigantesca empresa de gestão de investimentos Morgan Stanley destaca o efeito transformador que os avanços tecnológicos podem ter. Ela recorre ao exemplo da primeira demonstração de um elevador, realizada em 1854. Pouca gente foi capaz de prever o impacto que aquilo teria nas cidades, mas dentro de duas décadas todos os edifícios de vários andares em Nova York estavam sendo construídos em torno de um poço central de elevador, e os projetos arquitetônicos ficaram cada vez mais altos. A Morgan Stanley acredita que, na indústria espacial, o desenvolvimento de foguetes reutilizáveis possa constituir um divisor de águas comparável. O custo menor de entrada no espaço, incluindo os foguetes reutilizáveis inventados pela SpaceX, irá acelerar os investimentos, e a corporação financeira estima que a indústria haverá de gerar receitas de mais de 1 trilhão de dólares até 2040, face aos cerca de 450 bilhões de dólares em 2022.

Isso poderia ajudar a humanidade a atingir a meta de zero emissões líquidas na Terra. A implantação tecnológica de "campos" de painéis solares no espaço já é algo viável. Tais painéis poderiam coletar energia suficiente do Sol para atender a todas as necessidades atuais de eletricidade e enviá-la para baixo. Instalar fábricas no espaço será possível e, como vimos, a prospecção da Lua e de asteroides visando à obtenção de materiais de terras raras e outros recursos está ao nosso alcance.

Levando em conta toda a história humana registrada, é improvável que reconheçamos nossa humanidade comum e trabalhemos juntos no espaço para colher riquezas e depois distribuí-las igualmente; no entanto, mesmo com Estados-nação e blocos políticos competindo entre si, haverá benefícios comuns para todos nós. A probabilidade de projetarmos no espaço nosso conceito atual de soberania, em que os Estados-nação detêm poder sobre territórios mutuamente reconhecidos, não deve nos privar do nosso destino como espécie.

Deixo a Stephen Hawking a (quase) última palavra: "Expandir talvez seja a única medida que nos salva de nós mesmos. Estou convencido de que os humanos precisam deixar a Terra". Aproveitem a viagem.

Epílogo

> O passado é o começo de um começo, e tudo o que existe e existiu é apenas o prenúncio do amanhecer.
>
> H. G. Wells

Sempre tivemos um sentimento de inquietação; parece algo enraizado em nossa composição genética. Quisemos ver o que havia no topo da montanha. Seguimos o ímpeto de navegar o oceano. Depois de mapearmos completamente nossos limites terrestres, era inevitável que, quando pudéssemos ir mais longe, nós o faríamos.

Costumávamos medir distâncias pelo tempo que levávamos para caminhar de um lugar a outro, depois para percorrermos a área montados em um animal, dirigindo um carro, voando. Agora estamos passando para um nível diferente de matemática, com a velocidade da luz e mais zeros do que uma calculadora média pode exibir. Algumas pessoas argumentam que a tecnologia negou a geografia, mas, no espaço, a tecnologia tão somente alterou as equações. Talvez, porém, a dimensão do Universo vá se mostrar vasta o suficiente para que a humanidade ultrapasse sua própria história de lutas pelo poder e rivalidades. Como disse Carl Sagan: "Se um ser humano discorda de você, deixe-o seguir. Em 100 bilhões de galáxias você não vai encontrar outro". Talvez.

O certo é que continuaremos a nos aventurar cada vez mais longe da Terra. Vamos nos estabelecer na Lua. Viveremos em Marte e além. Isso levará tempo, mas encontraremos aceleradores tecnológicos capazes de impulsionar mudanças que ainda não podemos sequer imaginar — como disse Arthur C. Clarke, "elas hoje se encontram tão além da nossa visão quanto o fogo ou a eletricidade estariam além da imaginação de um peixe". Mas isso não deve nos impedir de seguir adiante — geração após geração de civilizações começaram a construir grandes monumentos sabendo que não viveriam para vê-los concluídos. O legado dessas civilizações afirma: "Isso é o que fizemos quando estivemos aqui. Foi para nós, e foi para vocês".

O mesmo se aplica ao domínio da ciência. Um exemplo ocorreu em 3 de março de 2023. Pela primeira vez na história, cientistas do Caltech irradiaram até a Terra energia coletada por painéis solares no espaço. Os painéis estavam em uma espaçonave chamada *Maple*, cujo nome significa matriz de micro-ondas para experimento de transferência de energia em órbita baixa. Equipamentos na *Maple* converteram a energia solar em uma forma que pôde ser transmitida sem fio por meio de micro-ondas. Um receptor na Terra, então, converteu a energia em eletricidade. A quantidade foi pequena, mas o avanço foi enorme. Essa "prova de conceito" significa que, dentro de apenas alguns anos, teremos condições de contar com campos desses painéis posicionados no espaço, direcionando energia 24 horas por dia para locais específicos, onde essa mesma energia pode ser distribuída em redes nacionais ou locais.

Construir tal sistema em grande escala será difícil e dispendioso. Mas, se for concretizado, o benefício para a humanidade será imenso. Talvez o Caltech possa se juntar a *Sputnik*, *Apollo*, *Soyuz*, ISS e agora Ártemis e *Órion* na condição de grandes monumentos da era espacial. As gerações futuras olharão em retrospectiva para esses monumentos e saberão que sem eles — e sem Pitágoras, Newton, Tsiolkovsky, Gagarin e Armstrong — não estariam onde estão, onde quer que estejam.

Talvez tais gerações sejam capazes de vislumbrar o que havia por trás do segundo que antecedeu o início da nossa jornada de 13 bilhões de anos e encontrar... algo, em vez de nada. Todas as maravilhas imagináveis e inimagináveis estão aí fora, à nossa frente, esperando para serem descobertas pelo *Homo spaciens*.

Posfácio: Todos os mundos são palcos

Ficção científica ontem, válido hoje — obsoleto amanhã.

Otto O. Binder, *Space World Magazine*

"Disparar torpedos de fóton!" Agora *é isso* que esperamos de uma guerra espacial — pelo menos no cinema. Na vida real, provavelmente não queremos nada disso, mas se acontecesse a cena não mostraria um Starfighter Delta-7 Jedi sendo atacado pela USS *Enterprise* e girando sobre o próprio eixo para escapar do disparo do fóton, que passa raspando com o som de um uivo estranho. Uma guerra fictícia no espaço teria pouca semelhança com um conflito exibido na tela — até porque no espaço não há som. Trata-se de um vácuo, e ondas sonoras exigem algo através do qual possam se propagar. Como avisa, muito corretamente, o slogan de *Alien, o oitavo passageiro*: "No espaço ninguém pode ouvir você gritar". No entanto, a maioria dos filmes espaciais não vai voltar ao tempo do cinema mudo em nome da ciência; então, ative a Frota Galáctica, detone os torpedos de fóton e, quando terminar, leve-me para cima, Scotty.

A ficção científica não precisa obedecer às leis do Universo. O gênero é um veículo para aventura, e para explorar a natureza humana e abordar ideias sobre como as coisas poderiam ser — ou, como diz o criador de *Jornada nas estrelas*, Gene Roddenberry: "A ficção científica é um modo de pensar, uma forma de lógica que se esquiva de muita bobagem". A ficção científica ambientada no espaço, em particular, é uma enorme tela em branco na qual é possível pintar o que se quiser e contar qualquer história. Isso faz parte do fascínio que esse gênero exerce. Desde as primeiras ideias de viagens espaciais, passando pelo surgimento da literatura de ficção científica, até os dias de hoje, quando filmes, livros e video games de ficção científica dominam as listas dos mais vendidos, o gênero tem refletido o conhecimento de sua época e nossas mudanças de atitude em relação ao mundo que nos cerca.

Essas histórias carregaram nossas esperanças e medos (terrestres ou não), e é quase impossível escapar de suas ideias quando vislumbramos a realidade dos próximos passos da humanidade. Enquanto escrevia este livro, percebi como é difícil fugir da ficção científica quando imaginamos nosso futuro no espaço.

Passo agora, então, a apresentar uma seleção pessoal, a partir de um cânone extenso, incluindo apenas uma fração das infinitas histórias existentes. Tentei restringir os exemplos àquelas obras diretamente relacionadas ao espaço. Outras opiniões estão disponíveis e são válidas.

Há milhares de anos temos explorado o Universo por meio da nossa imaginação. Alguns entusiastas da ficção científica argumentam que a *Epopeia de Gilgamesh*, de 4 mil anos, é o exemplo mais antigo do gênero. Não há dúvida de que está repleto de imaginação e fantasia, mas falta ciência. As primeiras histórias, em sua maioria, podem ser classificadas como lendas ou fantasia, dado que há pouca tentativa de plausibilidade científica e muito pouca tecnologia envolvida. Isso talvez não surpreenda, já que surgiram muito antes da ciência que nos levou ao espaço. Mesmo assim, entre os tantos mitos sobre deuses do Sol e deusas da Lua, algumas histórias se assemelham a viagens espaciais de verdade. Existem exemplos de poesia hindu, em sânscrito, datando de 1000 a.C. a 500 a.C., que retratam máquinas voadoras capazes de disparar armas sofisticadas e viajar pelo espaço. Algumas são fabricadas com materiais leves, dotadas de motores de mercúrio que criam redemoinhos quando aquecidos.

Um forte candidato ao primeiro texto reconhecidamente de ficção científica sobre viagens espaciais é *Uma história verdadeira*, escrito no século II pelo satirista sírio-grego Luciano de Samósata. No decorrer de uma série de aventuras bizarras, Luciano e seus companheiros viajam à Lua, onde encontram formas de vida alienígenas e se veem no meio de uma guerra entre os exércitos da Lua e do Sol. A novela, contudo, não se dedica a imaginar um futuro no qual nos aventuramos no espaço, sendo uma sátira sobre os filósofos da época de Luciano. O título é claramente uma inverdade, mas do ponto de vista do narrador o relato é verdadeiro, em uma referência ao paradoxo do cretense Epimênides, que disse: "Todos os cretenses são mentirosos" — ou seja, se ele está dizendo a verdade está mentindo, mas se está mentindo então está dizendo a verdade. Um episódio de *Jornada nas estrelas* escrito quase 2 mil anos depois, em 1967, retoma o paradoxo; em "Eu, Mudd" ele é utilizado para confundir um androide que assume o controle da *Enterprise*, mas sofre uma sobrecarga lógica quando confrontado com o paradoxo e desliga.

Luciano foi, sem dúvida, um visionário; as narrativas surgidas ao longo dos séculos seguintes foram, em sua maioria, de natureza mais mitológica. No Japão, por exemplo, um dos países onde a ficção científica é hoje mais popular, muito tempo atrás já se contavam histórias que os aficionados consideram "protoficção científica". Um conto que remonta ao século x, intitulado "O cortador de bambu e a criança da Lua", apresenta uma jovem princesa que vem da Lua para a Terra a fim de escapar de uma guerra celestial. Em ilustrações publicadas no século xix, a princesa volta para casa em algo semelhante a um disco voador, mas isso foi depois de um estranho incidente ocorrido em 1803, quando um "navio oco" contendo marcas misteriosas apareceu na província de Hitachi. Os moradores se depararam com uma linda jovem a bordo, falando uma língua desconhecida. A moça tinha cabelo ruivo. Então claramente vinha de Marte.

Quase ao mesmo tempo, no Oriente Médio, a coletânea *As mil e uma noites* incluiu viagens ao cosmos e a planetas bem maiores que a Terra. Contos como esses demonstram nossa atração constante pelo que está além do nosso planeta, mas ficam a grande distância da autêntica ficção científica.

Tudo isso mudou à medida que a própria ciência começou a avançar, ainda que aos tropeços. Na Europa, o interesse público pelas descobertas científicas registradas nos séculos xvii e xviii — em astronomia, matemática e física —, incluindo a invenção do telescópio, ajudou a desencadear um fluxo de escritos de protoficção científica, vários deles contendo viagens espaciais.

Somnium, de Johannes Kepler, é o destaque. O texto demonstra uma intuição brilhante sobre o que seria necessário para ir da Terra à Lua, descrevendo uma viagem feita por um menino e sua mãe, que é uma bruxa, tendo uma entidade sobrenatural como guia. O narrador diz que a jornada será "árdua e repleta dos maiores riscos à vida". A decolagem é traumática: o narrador é "arremessado como se fosse disparado para o alto por uma detonação à base de pólvora, voando por cima das montanhas". Kepler nada sabia sobre a força-g, mas põe seus dois protoastronautas para dormir, encolhidos, para assim se protegerem do ímpeto exercido pela aceleração. Como a Terra e a Lua estão em movimento, os viajantes não são lançados em linha reta, mas em uma trajetória que calcula onde a Lua estará. Uma vez na superfície, o guia os conduz por um caminho abaixo do solo, com o propósito de protegê-los dos raios danosos do Sol.

Kepler, matemático e astrônomo imperial do Sacro Imperador Romano, é hoje conhecido sobretudo por suas leis do movimento planetário, mas *Somnium*, latim para "sonho", merece reconhecimento como um novo tipo de escrita, mesclando ficção com as descobertas científicas da época. Kepler subscreveu a teoria de que a Terra girava em torno do Sol, movendo-se muito rapidamente, e queria descrever como isso poderia parecer se visto da Lua. A Igreja católica, no entanto, ainda não tinha aceitado tais fatos — na verdade, como vimos, Galileu Galilei, contemporâneo de Kepler, foi levado a julgamento e considerado culpado por acreditar em tal heresia. Kepler era luterano, mas os luteranos também proibiam o ensino de um Universo heliocêntrico. Assim, em seu trabalho científico público ele se ateve a maneiras mais antigas — mais religiosas — de pensar, mas no privado deu rédea solta às ideias complexas que tanto incomodavam as pessoas que não aceitavam que a ciência destronasse a humanidade do centro do Universo. Kepler escreveu o livro em 1608, mas ele só foi publicado em 1634, após sua morte.

O sonho continua sendo uma peça de ficção menos conhecida, apesar de ser a primeira obra de ficção científica contendo ciência séria, e também uma ponte na história da humanidade. A narrativa apresenta características da mitologia grega, mas ao mesmo tempo inclui a ciência dura da nova era que Kepler estava ajudando a criar. Tanto Jules Verne quanto H. G. Wells foram influenciados por ela mais tarde.

A sátira *O outro mundo* (1657), de Cyrano de Bergerac, é também considerada um dos primórdios da ficção científica, mas apresenta menos conteúdo científico. Inspirada em *Uma história verdadeira*, de Luciano, a narrativa envolve uma viagem à Lua por meio de um dispositivo mecânico preso a foguetes. Um século depois, em *Micrômegas* (1752), Voltaire descreve espécies extraterrestres existentes em outros planetas. Chama a atenção que, além de milhares de vezes maiores que os humanos, sejam também muito mais inteligentes.

Mas foi no século XIX que uma enxurrada de publicações em língua inglesa acelerou o avanço rumo a um estilo de escrita mais moderno. O processo refletia a velocidade em que a ciência e a tecnologia progrediam: a bateria, o microfone, o dínamo elétrico, a hélice, o telefone, o motor a combustão interna e o radar foram todos inventados durante um período transformador de dez décadas.

Foi uma era em que a literatura, em todos os gêneros, começou a explorar novas realidades sociais e tecnológicas, sendo que o exemplo mais célebre é o horror científico e gótico de Mary Shelley, *Frankenstein* (1818). Em termos de viagens espaciais, o conto de Edgar Allan Poe "A aventura sem paralelo de um tal Hans Pfaall", publicado na década de 1830, contém explicações científicas detalhadas sobre como um viajante para a Lua pressuriza a cabine posicionada embaixo de um balão gigantesco e garante o suprimento de oxigênio. Vários escritores no decorrer das décadas seguintes foram influenciados por essa história. Entre eles, Jules Verne. *Da Terra à Lua* (1865) foi publicado no final da Guerra de Secessão norte-americana e apresenta uma arma gigante, Columbiad, que envia homens ao espaço a partir de uma plataforma de lançamento situada na Flórida. A arma era uma variação dos canhões usados no conflito, e Verne detalha os cálculos necessários para se chegar às dimensões adequadas. Apesar de ter escrito várias décadas antes de Konstantin Tsiolkovsky calcular a velocidade de escape, Verne apresenta uma matemática bastante precisa, embora tenha subestimado os danos que a força de tal aceleração causaria ao corpo humano.

Mas a ficção científica não apenas refletia a ciência. Ao imaginar possibilidades cada vez mais inusitadas impelidas pela ciência e pelos avanços tecnológicos, ela também foi utilizada para explorar outras ideias, como a natureza da humanidade, e comentar acontecimentos da época.

O romance *A máquina do tempo* (1895), de H. G. Wells, por exemplo, foi inspirado pela crescente popularidade da teoria de que o tempo seria uma quarta dimensão, e que talvez fosse possível viajar através dele, mas sua visão do futuro, com morlocks e elois, também reflete o fascínio diante da teoria da evolução. Wells havia frequentado o Royal College of Science e sido aluno de Thomas Huxley, que cunhou o termo "darwinismo".

Sua outra obra conhecida, *A guerra dos mundos*, também apresenta fortes matizes darwinianos, além de refletir sobre temas relacionados ao anticolonialismo, com uma horda de marcianos varrendo a Inglaterra e matando a população. A adaptação mais célebre desse livro foi a peça radiofônica de Orson Welles — em 1938, transmitida nos Estados Unidos como se fosse um noticiário veiculado ao vivo —, que se tornou conhecida não por ser brilhante, mas graças à história de que um grande número de pessoas por todo o país acreditou que os Estados Unidos estivessem sendo atacados por alienígenas. Na verdade, a audiência da transmissão foi pequena, e não houve pânico nem tumulto nas ruas. Algumas pessoas foram realmente enganadas, mas o que ocorreu na verdade foi que a imprensa, preocupada com o desvio de suas receitas de publicidade para o rádio, publicou uma série de manchetes destinadas a prejudicar o rádio como fonte de notícias confiáveis: "Terror pelo Rádio", gritou o *New York Times*.

O livro em si é uma obra-prima que transcende o gênero. Outros visionários, inspirados por Wells, alcançaram sucesso literário com romances de ficção científica no início do século XX, por exemplo, o autor britânico Olaf Stapledon. Seu romance *Criador de estrelas* (1937) é uma obra estranha, filosófica e quase poética, na qual a mente desencarnada do narrador viaja pelo cosmos mesclando-se gradualmente a outras e criando uma mente cósmica: "Eu mesmo fui, por assim dizer, multiplicado". Por fim, o "eu" coletivo percebe que existem universos múltiplos: "O Universo agora me parecia um vazio no qual flutuavam flocos de neve, cada floco representando um universo". Stapledon escreveu duas décadas antes que a teoria do multiverso se tornasse corrente. Filósofo acadêmico, ele se voltou para a ficção porque queria empregar uma linguagem clara, capaz de atingir um público mais amplo. Era agnóstico em se tratando de religião, mas se valia da metafísica para explorar tópicos religiosos. Perto do final do livro, a mente cósmica encontra momentaneamente seu criador, o Criador de Estrelas. Há um clarão ofuscante que logo desaparece, resumido apenas como "um mistério terrível, uma adoração convincente". Arthur C. Clarke qualificou a obra como "provavelmente o trabalho mais poderoso de imaginação já escrito", enquanto Doris Lessing considerava Stapledon "um gênio único".

Ideias científicas revolucionárias continuaram a adentrar nossa consciência coletiva, com a ficção científica abraçando a revolução, e até mesmo indo além dela. Como disse o crítico Robert Scholes, "a história da ficção científica [...] é a história da nossa crescente compreensão do Universo e da posição da nossa espécie no Universo". Apesar disso, salvo alguns nomes conhecidos como Wells e Verne, o mundo literário do início do século XX passou a considerar o gênero como entretenimento medíocre destinado a um público majoritariamente jovem, não a leitores sérios.

Nos Estados Unidos, o gênero foi dominado pela ficção científica popular que floresceu na década de 1920, iniciada por editores como Hugo Gernsback, que incentivou escritores a incluir princípios científicos em suas histórias, embora fossem as capas clássicas e os contos com títulos sinistros do tipo "Homicídio no espaço" que garantiam as vendas. Buck Rogers, o viajante espacial aventureiro, estreou sob a batuta editorial de Gernsback, o primeiro a publicar o trabalho de vários escritores que viriam a construir carreiras estelares, como Isaac Asimov e Ursula K. Le Guin. Gernsback definiu tais histórias como "cientificção", e mais tarde cunhou o termo "ficção científica".

A década de 1930 testemunhou o surgimento de uma revista intitulada *Astounding Science Fiction*, editada por John W. Campbell, que reuniu um esquadrão de escritores que incluía Asimov, Judith Merril, Robert Heinlein e Arthur C. Clarke. Campbell, graduado em física, era um defensor inveterado da acuidade científica, o que se refletiu nas histórias por ele publicadas e ajudou o gênero a ser levado mais a sério. Contudo, antes do período que os entusiastas chamam de "era de ouro da ficção científica" (de 1935 a 1960), a maioria dos escritores não conseguia publicar histórias do gênero em forma de livro, apesar de esses mesmos escritores encantarem o público leitor de revistas com narrativas sobre viagens espaciais, energia nuclear, encontros com seres alienígenas e várias distopias e utopias.

À medida que o cinema começou a decolar, a ficção científica saiu da página para as telas. Em 1902, foi lançada aquela que é considerada a primeira película de ficção científica: um filme mudo de doze minutos de duração, *Viagem à Lua*, do cineasta francês Georges Méliès, apresentando uma nave espacial de metal lançada por um canhão. Em parte, o objetivo era fazer rir — a viagem de regresso só é viabilizada quando a nave é rolada penhasco abaixo para cair na Terra —, mas há várias sequências notáveis, incluindo uma imagem do nosso planeta surgindo acima do horizonte lunar e a reentrada na atmosfera em pleno oceano, com a nave sendo rebocada para terra firme. Algumas pessoas que viram o filme nos cinemas em 1902 devem ter acompanhado os eventos reais em seus aparelhos de TV em 1969.

Na União Soviética, operários puderam assistir ao filme mudo *Aelita* (1924), baseado no romance homônimo do escritor de ficção científica Alexei Tolstói, cujo protagonista é um terráqueo que lidera uma revolução proletária em Marte. Uma nota de rodapé pouco conhecida sobre o filme — um trabalho artístico seminal na União Soviética — é que sua trilha sonora foi composta por Dmitri Shostakovich, que também tocou piano durante as exibições da película em Leningrado.

Seguiram-se numerosos filmes de ficção científica, mas no mundo anglófono o gênero permaneceu em grande parte confinado à forma impressa. Na década de 1950, porém, nos Estados Unidos, a nova era do cinema popular ofereceu um mercado de massa pronto para histórias espaciais que refletiam as ansiedades pós-Segunda Guerra Mundial quanto ao conflito nuclear e ao comunismo soviético. O filme *A conquista da Lua* (1950) apresenta um foguete norte-americano movido a energia nuclear, financiado comercialmente e tripulado, competindo com os soviéticos para chegar à Lua. O roteiro foi coescrito por Robert Heinlein, que fez fama na revista *Astounding Science Fiction*. O filme mostra representações precisas da ausência de peso e da superfície lunar, e alcançou enorme sucesso comercial, o que ajudou a impulsionar orçamentos de filmes de ficção científica produzidos posteriormente.

Dois supostos avistamentos de óvnis nos Estados Unidos em 1947 provocariam, na década seguinte, uma onda de filmes sobre alienígenas. Em junho de 1947, um piloto civil, Kenneth Arnold, estava sobrevoando o estado de Washington em um pequeno avião. Ao pousar, relatou ter visto nove espaçonaves voando a uma velocidade estimada em 1900 quilômetros por hora. Um jornal local, com base na descrição feita pelo piloto, registrou "aeronaves parecendo discos". A Associated Press captou a história, e já no fim daquele dia as manchetes nacionais falavam em "discos voadores". E desde então eles estão conosco — ou não.

Algumas semanas depois ocorreu o agora mais conhecido incidente de Roswell, em que restos de metal e borracha foram encontrados perto de uma base militar no Novo México. A base emitiu um comunicado à imprensa afirmando ter recuperado um "disco voador", mas o Exército desmentiu a declaração, informando que se tratava de um balão meteorológico.

Com o conceito e o formato dos óvnis incorporados à imaginação do público, Hollywood não tardou em agir. *O dia em que a Terra parou* e *O monstro do Ártico* (ambos de 1951) foram os primeiros filmes a sair dos estúdios. O primeiro apresentava um visitante alienígena, extremamente simpático, alertando-nos sobre a idiotice de corrermos para construir armas nucleares capazes de exterminar toda a raça humana. Atiramos nele.

Em *A invasão dos discos voadores* (1956) nós iniciamos o ataque aos alienígenas, mas depois que eles destroem todos os nossos satélites espaciais temendo que fossem armas. O primeiro satélite verdadeiro, o *Sputnik*, só seria lançado um ano depois do filme, mas os roteiristas estavam bem cientes da existência de satélites; desde 1945, Arthur C. Clarke falava sobre um sistema global de comunicações por satélite, e foi o primeiro indivíduo a calcular o ponto acima da Terra onde um satélite poderia corresponder ao período de rotação de 24 horas do nosso planeta.

Na União Soviética, o gênero proporcionou aos escritores um modo de expressar ansiedades políticas. De maneira geral, a ficção científica soviética retratou mundos nos quais as máximas comunistas triunfavam e os capitalistas do mal eram derrotados. No entanto, alguns escritores conseguiram ludibriar os censores e publicar sátiras sutis ao sistema comunista. Iêvgueni Zamiátin pode ter sido um bolchevique, mas já em 1920 era capaz de enxergar os efeitos do totalitarismo, os quais ele retratou em seu romance distópico *Nós*. A obra foi escrita naquele ano, mas só foi publicada oficialmente na Rússia várias décadas depois. O livro gerou debate no Partido Comunista sobre a necessidade de censurar obras consideradas contrárias à doutrina partidária.

Na década de 1950, após a morte de Stálin, a relativa abertura incentivada por Khruschóv e a prosperidade soviética no campo da tecnologia espacial permitiram aos escritores mais espaço para ideias. Livros suprimidos nas décadas de 1920 e 1930 foram publicados pela primeira vez, embora alguns ainda com trechos censurados. Um novo romance, *A nebulosa de Andrômeda* (1957), de Ivan Efremov, representou um grande avanço em termos de escopo e disposição para explorar ideias filosóficas, embora não criticasse abertamente o sistema comunista. O livro, ambientado no futuro distante, declara que a era da ditadura terminou. Ele não teria passado pelos censores stalinistas, mas foi publicado em série, em 1957, na revista soviética *Tecnologia É para a Juventude*.

Na década de 1960, à medida que a corrida espacial se intensificava, ficou patente que os humanos acabariam passando algum tempo no espaço. Em 1968 foi lançado *2001: Uma odisseia no espaço*. É provavelmente o filme de ficção científica mais célebre da história, porém isso se deve mais aos efeitos visuais inovadores e a um certo exotismo do que à capacidade de nos dizer algo sobre nós mesmos — à parte a visão do diretor Stanley Kubrick sobre a evolução "de macaco a anjo". No entanto, o filme acerta em diversos aspectos científicos, incluindo o uso brilhante do silêncio enquanto um astronauta rola no interior de uma câmara de descompressão aberta.

Também apresentava um computador assassino, HAL, que poderia até mesmo justificar o descarte da ideia de usar IA a bordo. Mas, enquanto nos anos 1960 e 1970 os robôs na ficção científica eram frequentemente utilizados como veículos desprovidos de raciocínio, cujo objetivo era prejudicar a humanidade, na década de 1980 a ideia de que usaríamos robôs para viagens espaciais de longa distância tornou-se comum. E os escritores começaram a se valer do conceito de robôs sensíveis, capazes de explorar a natureza da humanidade e da consciência.

O Tenente Comandante Data, personagem de *Jornada nas estrelas*, é um exemplo excelente. Na condição de androide, ele tem dificuldade para entender as emoções, mas possui sabedoria e reconhece o valor da amizade. Em determinado episódio, ele se recusa a passar por um teste de engenharia que o colocaria em perigo. Segue-se um julgamento no qual, embora não referenciadas, entram em jogo as famosas "Três leis da robótica", criadas por Isaac Asimov em seu livro de 1950, *Eu, robô*:

1. Um robô não pode ferir um ser humano, ou, por inação, permitir que um ser humano seja ferido.

2. Um robô deve obedecer às ordens expedidas por seres humanos, exceto quando tais ordens entrarem em conflito com a Primeira Lei.

3. Um robô deve proteger a própria existência, desde que tal proteção não entre em conflito com a Primeira Lei nem com a Segunda Lei.

O Tenente Comandante Data não viola as duas primeiras, mas só é absolvido graças à alegação de que ele não é propriedade da Frota Estelar. Ele morre depois, mas não antes de "baixar" sua consciência. Na série de TV, posterior, *Jornada nas estrelas: Picard*, a consciência desencarnada pede ao capitão que a aniquile. "Você quer morrer?", pergunta Picard. "Não exatamente, senhor... Quero viver, ainda que brevemente, sabendo que minha vida é finita. A mortalidade dá sentido à vida humana, capitão. A paz, o amor, a amizade, tudo isso é precioso porque sabemos que não é permanente."

São ideias filosóficas apresentadas de forma acessível para o público geral. E levantam questões éticas que os humanos podem ser forçados a enfrentar daqui a algumas décadas, se for viável levarmos conosco ao espaço máquinas dotadas de sensibilidade. Existem ideias semelhantes no filme *Blade Runner: O caçador de androides* (1982), vagamente baseado no romance de Philip K. Dick *Androides sonham com carneiros elétricos?* (1968). Um androide chamado Roy Batty procura seu criador para prolongar sua própria vida. Ele salva a do caçador enviado para exterminá-lo, impedindo-o de uma queda que o mataria. O ato de perdão, semelhante ao de Cristo, é enfatizado quando Batty, já quase desligado, crava um prego na palma da própria mão a fim de ganhar estímulo suficiente para mais alguns instantes preciosos de vida. Em um dos melhores monólogos da história do cinema, ele relata suas lembranças e conclui com um meio sorriso: "Todos esses momentos ficarão perdidos no tempo, como lágrimas na chuva. Hora de morrer".

Os filmes mais estimados nos tocam porque abalam a maneira tradicional como contemplamos o futuro, quase sempre descrito como ultramoderno, de uma eficiência brilhante e tecnologicamente elegante. Por exemplo, em 1979, *Alien* (e, mais tarde, as continuações) rompeu tal paradigma. Não só o monstro alienígena, um assassino em série que gruda no rosto das pessoas e goteja ácido, devora a tripulação, como também faz isso a bordo de uma nave espacial úmida, escura e suja que poderia muito bem transportar carvão, dadas as condições em que se encontra. O medo do poder exercido pelas corporações fica evidente quando descobrimos que a divisão de armas da empresa proprietária da nave espacial quer o alienígena vivo, mesmo que isso signifique o extermínio da tripulação. No espaço sideral, os seres humanos estão à mercê das empresas ou dos governos que os conduzem até lá.

Outro tema frequentemente apresentado na ficção científica espacial diz respeito à preocupação com o meio ambiente, o que talvez não cause surpresa, dado que podemos precisar de um planeta reserva para quando este não tiver mais conserto. Nesse aspecto, o romance *Duna* (1965), de Frank Herbert, reflete sua época. Dois temas do livro são a ecologia e a necessidade de preservar recursos, nomeadamente a água, no planeta deserto em que a ação se situa, refletindo o incipiente movimento ecológico nos Estados Unidos dos anos 1960. O livro foi transformado em filme em 1984, e novamente em 2021.

Nossas preocupações com a extinção do planeta permanecem em evidência por meio desse gênero literário. *Interestelar* (2014) mostra a Terra devastada por desastres ecológicos; somente o astronauta protagonizado por Matthew McConaughey pode nos salvar, viajando pelo espaço em busca de um novo planeta em zona habitável onde possamos viver.

Os filmes *Armageddon* e *Impacto profundo*, ambos lançados em 1998, lidam com a ameaça de a Terra ser atingida por um asteroide gigantesco, no caso do primeiro, e um cometa, no caso do segundo. Em 2021, surgiu o filme *Não olhe para cima*, no qual dois astrônomos percebem que em seis meses seremos destruídos por um cometa assassino, do tamanho do monte Everest, e partem para alertar a todos. O presidente dos Estados Unidos só quer saber como isso poderá afetar as pesquisas eleitorais, os talk shows de TV acham a coisa engraçada e o público se divide entre os alarmados, os ignorantes e os negacionistas, sendo que estes últimos parecem ser figurantes de um comício de Donald Trump — que ainda estava no poder na ocasião do lançamento do filme. Trata-se de um grito nada sutil, uma sátira angustiada sobre a política, a mídia e o público, e assim dá sequência ao uso histórico da ficção científica como comentário. (Em 2022, a ciência foi ao encontro das nossas preocupações, quando o teste da missão Dart conseguiu alterar o curso de um pequeno asteroide. Mas, cabe dizer, a ciência foi desde sempre influenciada pela ficção científica.)

Nos tempos modernos, o que era primordialmente um gênero britânico e norte-americano agora é produzido em vários países e vendido ao redor do mundo. A maioria das listas com as vinte maiores bilheterias na história do cinema terá pelo menos dez filmes que podem ser vagamente classificados como ficção científica, muitos dos quais envolvem o espaço sideral. Vários pertencem à franquia *Guerra nas estrelas*. Em se tratando de livros, ficção científica vende aos milhões. Ou, em alguns casos, às dezenas de milhões — Arthur C. Clarke, 100 milhões; Stanisław Lem, 30 milhões; Frank Herbert, 26 milhões; Isaac Asimov, 20 milhões; Anne McCaffrey, 18 milhões; Yoshiki Tanaka, 15 milhões...

Histórias são importantes. Não são apenas entretenimento; elas nos ajudam a compreender situações, a imaginar e criar. Fato científico e ficção científica costumam caminhar de mãos dadas. A ficção científica pode ser o veículo perfeito para explorarmos ideias sobre tecnologia, religião, humanidade e questões correntes. O gênero reflete nossas esperanças e preocupações, e oferece uma visão do futuro. Em diversas ocasiões, autores de ficção científica nos mostram para onde estamos indo. Suas ideias ficcionais saem das páginas e das telas e adentram nossa vida real lentamente. Como Everett Dolman me disse:

> Não consigo pensar em nenhum evento ou inovação espacial que não tenha sido pressagiado por um escritor de ficção científica, em algum lugar. Mas a ficção científica popular não apenas motiva e molda o futuro; quase todos os engenheiros espaciais, cientistas e agora guardiões da Força Espacial foram influenciados por ela ao escolher suas profissões.

Mas, como a tripulação da ISS sabe, a ficção científica também nos leva para fora de nós mesmos. Muitos filmes são exibidos na Estação Espacial Internacional, onde a equipe participa de noites de cinema. Os títulos incluem *Alien* e suas continuações, o que mostra que você precisa ter senso de humor para ser astronauta.

Ao nos mostrar outras possibilidades, a ficção científica também pode oferecer uma perspectiva sóbria acerca dos nossos problemas, muitas vezes tão mesquinhos. Já no século II, na obra intitulada *Icaromenipo*, Luciano de Samósata viaja ao céu, além da Lua e do Sol, olha para o mundo e o enxerga como algo pequeno e frágil cujos habitantes estão obcecados com coisas que, daquele ponto de vista, parecem absurdas: "Quando olhei para o Peloponeso e avistei Cinuria, dei-me conta de que aquela região minúscula, não maior do que um feijão, tinha feito muitos argivos e espartanos tombarem em um único dia". Essa foi uma das ideias que mais ressoaram para mim durante o processo de escrita deste livro. E me fez pensar nas palavras do grande astrônomo norte-americano Carl Sagan, que, em 1994, capturou um sentimento semelhante em seu livro *Pálido ponto azul*, cujo título remete a uma fotografia da Terra tirada pela *Voyager 1* a uma distância de 6 bilhões de quilômetros:

> Nesse ponto, [...] todos os pais e mães, todas as crianças, todos os inventores e exploradores, professores de moral, políticos corruptos, "superastros", "líderes supremos", todos os santos e pecadores da história da nossa espécie, ali — em um grão de poeira suspenso num raio de sol.*

---

* Citado em tradução de Rosaura Eichenberg para *Pálido ponto azul* (São Paulo: Companhia das Letras, 2. ed., 2019). (N. T.)

Agradecimentos

Agradeço ao professor Everett Dolman, ao dr. Bleddyn Bowen, a Sangeetha Abdu Jyothi, à Aardman Animations, ao vice-marechal da Aeronáutica Paul Godfrey, ao professor John Bew, do Centro Espacial Nacional do Reino Unido, e aos integrantes dos mundos diplomático e de inteligência que generosamente doaram seu tempo e conhecimento mas preferem permanecer anônimos.

E, como sempre, agradeço a toda a equipe da Elliott & Thompson: Lorne Forsyth pela liberdade de escrever o que eu quero, a Jennie Condell e Pippa Crane por tornarem meus escritos legíveis, a Amy Greaves e Marianne Thorndahl.

Bibliografia selecionada

Livros, artigos e documentos

African Union Commission. “African Space Strategy: Towards Social, Political, and Economic Integration”, 2019. Acessado em: <https://au.int/sites/default/files/documents/37434-doc-au_space_strategy_isbn-electronic.pdf>.

“*Apollo 11* Astronauts Return From the Moon”. Richard Nixon Foundation, 24 jul. 1969. Acessado em: <https://www.nixonfoundation.org/2011/07/7-24-1969-apollo-11-astronauts-return-from-the-moon/>.

BOWEN, Bleddyn E. “Space Is Not a High Ground”. SpaceWatch.Global, abr. 2020. Acessado em: <https://spacewatch.global/2020/04/spacewatch-column-april/>.

______. *Original Sin*. Londres: Hurst, 2022.

BRUNNER, Karl-Heinz. “Space and Security — Nato’s Role”. Science and Technology Committee, Nato Parliamentary Assembly, 10 out. 2021. Acessado em: <https://www.nato-pa.int/download-file?filename=/sites/default/files/2021-12/025%20STC%2021%20E%20rev.%202%20fin%20-%20SPACE%20AND%20SECURITY%20%20BRUNNER.pdf>.

BRZESKI, Patrick. “*Wandering Earth* Director Frank Gwo on Making China’s First Sci-Fi Blockbuster”, *Hollywood Reporter*, 20 fev. 2019. Acessado em: <https://www.hollywoodreporter.com/movies/movie-news/wandering-earth-director-making-chinas-first-sci-fi-blockbuster-1187681/>.

BRZEZINSKI, Matthew. *Red Moon Rising*: *Sputnik and the Rivalries That Ignited the Space Age*. Londres: Bloomsbury, 2007.

CENTRAL COMMITTEE PRESIDIUM DECREE. “On the Creation of an Artificial Satellite of the Earth”, 8 ago. 1955. Wilson Center Digital Archive. Acessado em: <https://digitalarchive.wilsoncenter.org/document/cpsu-central-committee-presidiumdecree-creationartificial-satellite-earth>.

“China’s Film Authority Hails *The Wandering Earth*”, *Global Times*, 22 fev. 2019. Acessado em: <http://en.people.cn/business/n3/2019/0222/c90778-9548796.html>.

CHOW, Brian G. “Stalkers in Space: Defeating the Threat”. *Strategic Studies Quarterly*, v. 11, n. 2, 2017. Acessado em: <https://www.airuniversity.af.edu/Portals/10/SSQ/documents/Volume-11_Issue-2/Chow.pdf>.

DAVID, Leonard. “Is War in Space Inevitable?”. Space.com, 11 maio 2021. Acessado em: <https://www.space.com/is-space-war-inevitable-anti-satellite-technology>.

DOBOŠ, B. “Geopolitics of the Moon: A European Perspective”. *Astropolitics*, v. 13, n. 1, 2015, pp. 78-87. Acessado em: <www.doi.org/10.1080/14777622.2015.1012005>.

DOLMAN, E. "Geostrategy in the Space Age: An Astropolitical Analysis", *Journal of Strategic Studies*, v. 22, n. 2-3, pp. 83-106, 1999.

THE EUROPEAN SPACE AGENCY. *International Space Station Legal Framework*. Acessado em: <https://www.esa.int/Science_Exploration/Human_and_Robotic_Exploration/International_Space_Station/International_Space_Station_legal_framework>.

ESCRITÓRIO DAS NAÇÕES UNIDAS PARA ASSUNTOS DO ESPAÇO EXTERIOR (Unoosa). "Treaty on Principles Governing the Activities of States in the Exploration and Use of Outer Space, Including the Moon and Other Celestial Bodies", 19 dez. 1966. Acessado em: <https://www.unoosa.org/oosa/en/ourwork/spacelaw/treaties/outerspacetreaty.html>.

FOUST, Jeff. "Defanging the Wolf Amendment", *The Space Review*, 3 jun. 2019. Acessado em: <https://www.thespacereview.com/article/3725/1>.

GILLETT, Stephen L. "L5 news: The Value of the Moon", ago. 1983. National Space Society. Acessado em: <https://space.nss.org/l5-news-the-value-of-the-moon/>.

GOH, Deyana. "The Life of Qian Xuesen, Father of China's Space Programme". SpaceTech Asia, 23 ago. 2017. Acessado em: <https://www.spacetechasia.com/qian-xuesenfather-of-the-chinese-space-programme/>.

GOLDSMITH, Donald; REES, Martin. "Do We Really Need to Send Humans Into Space?", *Scientific American*, 6 mar. 2020. Acessado em: <https://blogs.scientific-american.com/observations/do-we-really-need-to-send-humans-into-space/>.

______. *The End of Astronauts: Why Robots Are the Future of Exploration*. Cambridge, MA: Belknap Press, 2022.

GWERTZMAN, Bernard. "US Officials Deny Pressure on Paris to Go Into Chad", *New York Times*, 18 ago. 1983. Acessado em: <https://www.nytimes.com/1983/08/18/world/us-officials-deny-pressure-on-paris-to-go-into-chad.html>.

HAYDEN, Brian; VILLENEUVE, Suzanne. "Astronomy in the Upper Palaeolithic?", *Cambridge Archaeological Journal*, v. 21, n. 3, p. 331-55, 2011. Acessado em: <https://doi.org/10.1017/S0959774311000400>.

HAYNES, Korey. "When the Lights First Turned on in the Universe", Astronomy.com, 23 out. 2018. Acessado em: <https://www.astronomy.com/news/2018/10/when-the-lights-first-turned-on-in-the-universe>.

HENDRICKX, B. "Kalina: A Russian Ground-Based Laser to Dazzle Imaging Satelites", *The Space Review*, 5 jul. 2022. Acessado em: <https://www.thespacereview.com/article/4416/1>.

HILBORNE, Mark. "China's Space Programme: A Rising Star, a Rising Challenge". Lau China Institute Policy Series 2020 — China in the World, n. 2. Acessado em: <https://www.kcl.ac.uk/lci/assets/ksspplcipolicyno.2-final.pdf>.

HORVATH, Tyler; HAYNE, Paul O.; PAIGE, David A. "Thermal and Illumination Environments of Lunar Pits and Caves: Models and Observations From the Diviner Lunar Radiometer Experiment", *Geophysical Research Letters*, v. 49, n. 14, 2022. Acessado em: <https://doi.org/10.1029/2022GL099710>.

HOUSE OF COMMONS DEFENCE COMMITTEE. "Defence Space: Through Adversity to the Stars?". Third Report of Session 2022-23, 19 out. 2022. Acessado em: <https://committees.parliament.uk/publications/30320/documents/175331/default/>.

Indian Space Policy 2023. Acessado em: <https://www.isro.gov.in/media_isro/pdf/IndianSpacePolicy2023.pdf>.

"Joined By Allies and Partners, the United States Imposes Devastating Costs on Russia". Comunicado da Casa Branca, 24 fev. 2022. Acessado em: <https://www.whitehouse.gov/briefing-room/statements-releases/2022/02/24/factsheet-joined-by-allies-and-partners-the-united-states-imposesdevastating-costs-on-russia/>.

"Joint Statement Between CNSA and Roscosmos Regarding Cooperation for the Construction of the International Lunar Research Station", 29 abr. 2021. Acessado em: <http://www.cnsa.gov.cn/english/n6465652/n6465653/c6811967/content.html>.

KAKU, Michio. *The Future of Humanity: Terraforming Mars, Interstellar Travel, Immortality, and Our Destiny Beyond*. Londres: Penguin Random House, 2019.

KAMESWARA RAO, N. "Aspects of Prehistoric Astronomy in India', *Bull. Astr. Soc. India*, v. 33, pp. 499-511, 2005. Acessado em: <https://www.astron-soc.in/bulletin/05December/3305499-511.pdf>.

KENNEDY, John F. "President John F. Kennedy's Inaugural Address (1961)". Acessado em: <www.archives.gov/milestone-documents/president-john-f-kennedys-inaugural-address>.

KHAN, Z.; KHAN, A. "Chinese Capabilities as a Global Space Power", *Astropolitics*, v. 13, n. 2, pp. 185-204, 2015. Acessado em: <https://doi.org/10.1080/14777622.2015.1084168>.

KORENEVSKIY, N. "The Role of Space Weapons in a Future War". Central Intelligence Agency, 7 set. 1962. Acessado em: <https://www.cia.gov/library/readingroom/document/cia-rdp33-02415a000500190011-3>.

"Letter from President Kennedy to Chairman Khrushchev", 21 jun. 1961. Office of the Historian, Foreign Relations of the United States, 1961-1963, v. VI, Kennedy-Khrushchev Exchanges. Acessado em: <https://history.state.gov/historical-documents/frus1961-63v06/d17>.

LI, C. et al. "China's Present and Future Lunar Exploration Program", *Science*, v. 365, n. 6450, 2019, pp. 238-9. Acessado em: <https://doi.org/10.1126/science.aax9908>.

MALTSEV, V. V.; KURBATOV, D. V. "International Legal Regulation of Military Space Activity", *Military Thought: A Russian Journal of Military Theory and Strategy*, v. 15, n. 1, 2006.

MASSIMINO, Mike. *Spaceman: An Astronaut's Unlikely Journey to Unlock the Secrets of the Universe*. Londres: Simon & Schuster, 2017.

"Memorandum of Understanding Between the National Aeronautic and Space Administration and the United States Space Force", 2020. Acessado em: <https://www.nasa.gov/sites/default/files/atoms/files/nasa_ussf_mou_21_sep_20.pdf>.

MORNING CONSULT. "National Tracking Poll #210264, Fev 12-15, 2021". Acessado em: <https://assets.morningconsult.com/wp-uploads/2021/02/24152659/210264_crosstabs_MC_TECH_SPACE_Adults_v1_AUTO.pdf>.

MOSTESHAR, Sa'id. "Space Law and Weapons in Space", *Oxford Research Encyclopedia of Planetary Science*, 2019. Acessado em: <https://doi.org/10.1093/acrefore/9780190647926.013.74>.

NASA. *Artemis Accords: Principles for Cooperation in the Civil Exploration and Use of the Moon, Mars, Comets, and Asteroids for Peaceful Purposes*, 13 out. 2020. Acessado em: <https://www.nasa.gov/wp-content/uploads/2022/11/Artemis-Accords-signed-13Oct2020.pdf>.

NPP ADVENT. "Apresentação sobre um sistema laser móvel para abater drones". Acessado em: <https://ppt-online.org/928735>.

OBERG, James E. "Yes, There Was a Moon Race". *Air & Space Forces Magazine*, 1 abr. 1990. Acessado em: <https://www.airandspaceforces.com/article/0490moon/>.

OTAN. *The North Atlantic Treaty*, 4 abr. 1949. Acessado em: <https://www.nato.int/cps/en/natohq/official_texts_17120.htm>.

OUGHTON, Edward J. et al. "Quantifying the Daily Economic Impact of Extreme Space Weather Due to Failure in Electricity Transmission Infrastructure", *Space Weather*, v. 15, n. 1, pp. 65-83, 2017. Acessado em: <www.doi.org/10.1002/2016SW001491>.

PARLIAMENT OF AUSTRALIA. "Ministerial Statement to the Parliament of Australia by Minister for Defence mr. Stephen Smith", 26 jun. 2013. Acessado em: <https://parlinfo.aph.gov.au/parlInfo/search/display/display.w3p;query=Id%3A%22chamber%2Fhansardr%2F4d60a662-a538-4e48-b2d8-9a97b8276c77%2F0016%22>.

PARLIAMENTARY OFFICE OF SCIENCE AND TECHNOLOGY. "Military Uses of Space", dez. 2006. Acessado em: <https://researchbriefings.files.parliament.uk/documents/POST-PN-273/POST-PN-273.pdf>

PUBLIC OPINION FOUNDATION (FOM), RÚSSIA. "On the State and Development of the Space Industry and the Desire to Fly into Space". Acessado em: <https://fom.ru/Budushchee/14192>.

"Reaction to the Soviet Satellite". Memorando para a equipe da Casa Branca, 15 out. 1957. Acessado em: <https://www.eisenhowerlibrary.gov/sites/default/files/research/onlinedocuments/sputnik/reaction.pdf>.

REESMAN, Rebecca; WILSON, James. "The Physics of Space War: How Orbital Dynamics Constrain Space-To-Space Engagements". Center for Space Policy and Strategy, Aerospace, 16 out. 2020. Acessado em: <https://csps.aerospace.org/sites/default/files/2021-08/Reesman_PhysicsWarSpace_20201001.pdf>.

ROYAL AUSTRALIAN AIRFORCE. *Defence Space Strategy*. Acessado em: <https://www.airforce.gov.au/our-work/strategy/defence-space-strategy>.

SAGAN, Carl. *Cosmos*. Londres: Random House, 1980.

______. *Billions & Billions*. Londres: Random House, 1997.

SANKARAN, Jaganath. "Russia's Anti-satellite Weapons: An Asymmetric Response to U.S. Aerospace Superiority". Arms Control Association, mar. 2022. Acessado em: <https://www.armscontrol.org/act/2022-03/features/russias-anti-satellite-weaponsasymmetric-response-us-aerospace-superiority>.

Satellite-Derived Time And Position: A Study of Critical Dependencies. Government Office for Science UK, 30 jan. 2018. Acessado em: <https://assets.publishing.service.gov.

uk/media/5a82c84ced915d74e34038ab/satellite-derived-time-and-position-blackett-review.pdf>.

SILVERSTEIN, Benjamin; PANDA, Ankit. "Space Is a Great Commons. It's Time to Treat It as Such". Carnegie Endowment for International Peace, 9 mar. 2021. Acessado em: <https://carnegieendowment.org/2021/03/09/space-is-great-commons.-its-time-to-treat-it-as-such-pub-84018>.

SPACE FORCE. *Chief Of Space Operations Planning Guidance 2020*. Acessado em: <https://media.defense.gov/2020/Nov/09/2002531998/-1/-1/0/CSO%20PLANNING%20GUIDANCE.PDF>.

THE STATE COUNCIL INFORMATION OFFICE OF THE PEOPLE'S REPUBLIC OF CHINA. *China's Space Program: A 2021 Perspective*, jan. 2022. Acessado em: <https://english.www.gov.cn/archive/whitepaper/202201/28/content_WS61f35b3dc6d09c94e48a467a.html>.

"Tactical Lasers". GlobalSecurity.org, 20 jun. 2023. Acessado em: <https://www.globalsecurity.org/military/world/russia/lasers.htm>.

"Treaty on Prevention of the Placement of Weapons in Outer Space and of the Threat or Use of Force Against Outer Space Objects". Rascunhos enviados pela Federação Russa e pela República Popular da China para a Conferência do Desarmamento, 2008. Acessado em: <https://digitallibrary.un.org/record/633470?ln=en>.

UNITED STATES AGENCY FOR INTERNATIONAL DEVELOPMENT (Usaid). "Usaid Safeguards Internet Access In Ukraine Through Public-Private-Partnership With Spacex". Comunicado à imprensa, 5 abr. 2022. Acessado em: <https://www.usaid.gov/news-information/press-releases/apr-05-2022-usaid-safeguards-internet-access-ukraine-through-public-private-partnership-spacex>.

United States Space Priorities Framework – Dec. 2021. Acessado em: <https://www.whitehouse.gov/wp-content/uploads/2021/12/United-States-Space-Priorities-Framework-_-December-1-2021.pdf>.

US AIR FORCE BALLISTIC MISSILE DIVISION. "Military Lunar Base Program", v. 1, 1960. Acessado em: <https://nsarchive2.gwu.edu/NSAEBB/NSAEBB479/docs/EBB-Moon03.pdf>.

VIDAL, Florian. "Russia's Space Policy: The Path of Decline?". French Institute of International Relations, 2021. Acessado em: <https://www.ifri.org/sites/default/files/migrated_files/documents/atoms/files/vidal_russia_space_policy_2021_3.pdf>.

WEEDEN, Brian. "2007 Chinese Anti-Satellite Test Fact Sheet". Secure World Foundation, atualizado em 23 nov. 2010. Acessado em: <https://swfound.org/media/9550/chinese_asat_fact_sheet_updated_2012.pdf>.

WHITEHOUSE, David. *Space 2069*. Londres: Icon, 2021.

WILFORD, John Noble. "Russians Finally Admit They Lost Race to Moon", *New York Times*, 18 dez. 1989. Acessado em: <https://www.nytimes.com/1989/12/18/us/russians-finallyadmit-they-lost-race-to-moon.html>.

ZHAO, Yun. "Space Commercialization and the Development of Space Law". Oxford Research Encyclopedia of Planetary Science, 2018. Acessado em: <www.doi.org/10.1093/acrefore/9780190647926.013.42>.

Sites, vídeos e podcasts

Ancient Origins. Ver: <www.ancient-origins.net>.

China National Space Administration. Ver: <http://www.cnsa.gov.cn/english/>.

Grid Assurance. Ver: <https://gridassurance.com>.

"Jodrell Bank Lovell Telescope Records Luna 15 Crash". YouTube. Acessado em: <https://www.youtube.com/watch?v=MJthrJ5xpxk>.

"Mars & Beyond", SpaceX. Acessado em: <https://www.spacex.com/humanspaceflight/mars/>.

South African Astronomical Observatory. Ver: <www.saao.ac.za>.

Space-based Surveillance System (SBSS). Ver: <https://www.eoportal.org/satellite-missions/sbss#sbss-space-based-surveillance-system>.

"Sputnik: The Beep Heard Round the World, The Birth Of The Space Age". Nasa, podcast, 2 out. 2007. Acessado em: <https://www.nasa.gov/multimedia/podcasting/jpl-sputnik-20071002.html>.

The Space Café Podcast. Ver: <https://spacewatch.global/?s=space+cafe+podcast>.

Créditos das imagens

pp. 18-9: Nasa/ JPL
pp. 38-9: Nasa
pp. 66-7: Nasa/ Alex Gerst
pp. 88-9: Nasa/ Johns Hopkins APL/ Steve Gribben
pp. 116-7: Shujianyang, CC BY-SA 4.0
pp. 140-1: Nasa/ Terry White/ SLS
pp. 166-7: Nasa/ Bill Ingalls
pp. 188-9: Nasa
pp. 226-7: Shutterstock
pp. 248-9: Nasa/ JPL-Caltech

Índice remissivo

ESTA OBRA FOI COMPOSTA POR MARI TABOADA EM DANTE PRO E IMPRESSA
EM OFSETE PELA GRÁFICA SANTA MARTA SOBRE PAPEL PÓLEN NATURAL
DA SUZANO S.A. PARA A EDITORA SCHWARCZ EM FEVEREIRO DE 2025

A marca FSC® é a garantia de que a madeira utilizada na fabricação do papel deste livro provém de florestas que foram gerenciadas de maneira ambientalmente correta, socialmente justa e economicamente viável, além de outras fontes de origem controlada.